edition unseld 51

Der Begriff »Bioökonomie« klingt zunächst harmlos. Unter dieser Bezeichnung arbeitet jedoch ein Bündnis aus Biotechnologie-, Pharma-, Chemie-, Nahrungsmittel- und Agrarunternehmen an der kommerziellen Inbesitznahme alles Lebendigen. Die aktuelle Bundesregierung unterstützt diese Bestrebungen, etwa im Rahmen des Programms »Nationale Forschungsstrategie BioÖkonomie 2030«.

Anita Krätzer und Franz-Theo Gottwald beleuchten ein Feld an der Schnittstelle von Wirtschaft, Politik und Forschung, das in den Medien noch selten thematisiert wird. Die Autoren machen auf Basis der zentralen Aktionsfelder der Bioökonomie auf Weichenstellungen aufmerksam, die Tiere und Pflanzen erklärtermaßen zur »Biomasse« degradieren – eine Entwicklung, die letztlich auch vor dem Menschen nicht haltmacht.

Franz-Theo Gottwald leitet die Münchener Schweisfurth-Stiftung, lehrt an der HU Berlin und der Hochschule für Politik in München und berät Politiker, Verbände und Unternehmen im Bereich nachhaltige Entwicklung.

Anita Krätzer arbeitet freiberuflich in den Bereichen integrierter Umweltschutz, Märkte, Führung und Kommunikation, ferner als Wirtschaftsjournalistin, Lektorin und Übersetzerin.

Irrweg Bioökonomie
Kritik an einem totalitären Ansatz

Franz-Theo Gottwald und
Anita Krätzer

Suhrkamp

Die *edition unseld* wird unterstützt durch eine Partnerschaft mit dem Nachrichtenportal *Spiegel Online*. www.spiegel.de

edition unseld 51
Erste Auflage 2014
Originalausgabe

Satz: TypoForum GmbH, Seelbach
Druck: Druckhaus Nomos, Sinzheim
Umschlaggestaltung: Nina Vöge und Alexander Stublić
Printed in Germany
ISBN 978-3-518-26051-7

Inhalt

Vorwort

> »Je mehr man in der Lage sein wird, die Bausteine bzw. Baupläne von biologischen Systemen in ihrer Komplexität quantitativ zu beschreiben, zu verstehen sowie ihre Reaktion auf äußere Einflüsse vorherzusagen, desto mehr wird man sie auch zum Vorteil von Mensch und Umwelt technisch nutzen können. Diese Perspektive ist die Basis für den Aufbau einer wissensbasierten Bioökonomie, in der interdisziplinär in Kooperationen und Netzwerken zusammengearbeitet, Wissen ganzheitlich (systemisch) integriert und zu Innovationen geführt wird.«
>
> *Bundesministerium für Forschung und Bildung,*
> Nationale Forschungsstrategie BioÖkonomie 2030

> »[…] Aufklärung ist totalitär wie nur irgendein System. Nicht was ihre romantischen Feinde ihr seit je vorgeworfen haben, analytische Methode, Rückgang auf Elemente, Zersetzung durch Reflexion ist ihre Unwahrheit, sondern daß für sie der Prozeß von vornherein entschieden ist. […] [D]ie Weltherrschaft über die Natur wendet sich gegen das denkende Subjekt selbst, nichts wird von ihm übriggelassen […]«.
>
> *Max Horkheimer und Theodor W. Adorno,*
> Dialektik der Aufklärung

Bislang weitgehend unbemerkt von der Öffentlichkeit und von den Medien kaum kommentiert, bildet sich derzeit unter dem Label »Bioökonomie« eine mächtige Allianz aus Industrie, Großinvestoren, Politik und Forschung heraus, die sich einem erschreckenden Ziel verschrieben hat: der grenzenlosen kommerziellen Nutzung allen Lebens. Im Windschatten der Finanz- und Wirtschaftskrise werden mit einem beispiellosen Aufwand an Lobbyismus, Forschungs- und Investitionsförderung, gesetzlichen Verordnungen, Landkäufen und gezielter Unterminierung alternativer Wege globale Weichenstellungen vorgenommen, die schon jetzt grundlegende Auswirkungen auf Mensch, Tier und Umwelt haben.

Bereits heute wirft die Bewertung von Leben nach seinem an kurzfristigen Renditezielen gemessenen Marktwert ihre Schatten voraus: Ob es nun die brachiale Treibnetzfischerei, die gedankenlose Ausrottung unzähliger Arten zugunsten von Monokulturen, das unaussprechliche Leid der Tiere in den Tierfabriken oder das Elend als nutzlos ausgegrenzter alter und behinderter Menschen ist – in einer Welt, die das Eigenrecht von Leben negiert und keine »Nutzlosigkeit« mehr zulässt, wird alles Lebendige und damit auch der Mensch zur normierten Ware. Da ist es nur konsequent, dass diese Ware Leben, sobald sie ihren Marktwert verloren hat, nur noch als Kostenfaktor betrachtet und im Falle der Tiere (man denke nur an die bei vollem Bewusstsein geschredderten männlichen Küken) als störender Ausschuss entsorgt wird. In welch hohem Maß diese Grundhaltung in unserer westlichen Gesellschaft nicht nur gegenüber den bedauernswerten Tieren in der industriellen Landwirtschaft, sondern auch gegenüber dem einzelnen Bürger akzeptiert wird, zeigt etwa die hohe Bereitwilligkeit junger Menschen, sich selbst als Ware zu definieren und den eigenen Marktwert durch immer bizarrere Schönheitsoperationen zu steigern. Dem entspricht der florierende Organ-, Kinder- und Frauenhandel, über den sich die Gesellschaft zwar halbherzig empört, gegen den sie jedoch nicht wirklich entschlossen vorgeht.

Nachdem nun auch die Grundbausteine allen Lebens, die Gene, durch Patentierung zur Vermarktung freigegeben wurden, erscheint die Umwertung alles Lebendigen zum Rohstoff »Biomasse« nur als folgerichtiger letzter Schritt auf einem verhängnisvollen Weg, den die Vertreter der Bioökonomie als Rettung vor jenen Problemen ausgeben, die größtenteils gerade durch die

Ausrichtung auf kurzfristige Renditeziele erzeugt wurden. Wir werden darlegen, dass und warum die Bioökonomie in den meisten Bereichen eine Fortsetzung und Ausweitung dieses an schnellen Gewinnen orientierten Systems darstellt und ihr Weg daher nicht die Rettung bringt, sondern im Gegenteil die Vernichtung der physischen und psychischen Existenzgrundlagen der Menschheit nur noch beschleunigt.

Die durch die Bioökonomie erstmals auf den Begriff gebrachte Umwertung von Leben in eine beliebig handel- und verhandelbare Ware findet vor unseren Augen in aller Öffentlichkeit statt, und wir alle sind direkt und indirekt daran beteiligt. Das heißt aber auch, dass es an uns liegt, dieser unheilsamen Entwicklung Einhalt zu gebieten. Hierauf wollen wir aufmerksam machen in der Hoffnung, einen längst überfälligen gesamtgesellschaftlichen Bewusstwerdungsprozess anzustoßen, der dann zu einem entschiedenen Gegensteuern in Richtung tatsächlich intelligenter, weil systemisch nachhaltiger Lösungen führt.

Um zu verdeutlichen, worum es genau geht und welche Einflussmöglichkeiten der Einzelne hat, werden wir zunächst einmal klären, was sich hinter dem Begriff »Bioökonomie« verbirgt. Dann werden wir Ross und Reiter nennen, indem wir darlegen, welche Hauptakteure die Bioökonomie mit welchen Nutzenversprechen und vor dem Hintergrund welcher Interessen vorantreiben. Im nächsten Schritt werden wir das gesellschaftlich-technologische Heilsversprechen der Bioökonomie auf seinen Wirklichkeitsgehalt und seine Lösungskompetenz für die großen Menschheitsprobleme der Zukunft überprüfen und die der Bioökonomie zugrunde liegenden Denk- und Handlungsmuster analysieren. Danach beschreiben wir, mit welchen Mitteln und Methoden versucht wird, die Bioökonomie der Bevölkerung schmackhaft zu machen, wie sich die Bioökonomie zu diesem Zweck Gegenmodelle einverleibt bzw. diese pervertiert und wie mit Bedenken und Einwänden umgegangen wird. Abschließend werden wir auf bereits erfolgreich praktizierte, aber immer wieder ins Abseits gedrängte Alternativen verweisen, denen durch die Schaffung totalitärer Umfeldbedingungen und die Zerstörung überlebenswichtiger Voraussetzungen zunehmend die Existenzbasis entzogen wird.

Die vorliegende Streitschrift versteht sich als Anfangs-, nicht als Endpunkt einer überfälligen Debatte über die praktischen Folgen unseres Umgangs mit dem Lebendigen und mit unseren natürlichen Lebensgrundlagen, der in der Bioökonomie einen besonders krassen Ausdruck findet. Wir werden dabei auch immer wieder ethische Grundpositionen ansprechen. Es geht uns jedoch nicht um eine Wiederholung der bekannten Grundsatzdebatten, sondern um eine konkrete Auseinandersetzung mit den Hintergründen und Folgen des Schulterschlusses von Biotechnologie, Chemie-, Pharma-, Agrar- und Nahrungsmittelindustrie mit Politik und Forschung. Dabei vertreten wir weder einen rückwärtsgewandten technikfeindlichen noch einen antikapitalistischen Standpunkt. Im Gegenteil: Wir halten technische Neuerungen und die Befolgung marktwirtschaftlicher Prinzipien für unabdingbare Voraussetzungen für eine nachhaltige Beantwortung der großen Zukunftsfragen. Unsere Kritik richtet sich vielmehr gegen den unreflektierten Einsatz von Technologien mit kaum beherrschbaren Folgewirkungen und gegen die Förderung von Monopolbildungen durch die Politik, die den freien Wettbewerb als Grundprinzip der Marktwirtschaft unterbindet, die Forschung zum Dienstleister dieser Monopole degradiert und damit gegen das Verfassungsgut Freiheit der Wissenschaft verstößt sowie zu einer weiteren Beschleunigung der globalen Vernichtung unserer natürlichen Mitwelt führt.

Unser Ziel ist es, überhaupt erst einmal auf die Brisanz des

Themas Bioökonomie aufmerksam zu machen und Grundlagen für eine weiterführende Diskussion zu schaffen. Diskussionswürdig erscheint uns sowohl die durch führende Vertreter der Bioökonomie explizit ausgesprochene Missachtung des lebenserhaltenden Vorsorgeprinzips als auch die Erosion der Grundpfeiler einer zukunftsfähigen modernen Zivilisation: Respekt vor und Mitgefühl mit aller Kreatur sowie Schutz des Schwächeren. Beachtenswert finden wir auch die Tatsache, dass die Bioökonomie Monopolbildungen fördert und forciert, die Hürden für einen Einstieg neuer Marktteilnehmer durch Verfestigung bestehender Machtverhältnisse und Netzwerkstrukturen sowie durch die Inbesitznahme der Forschung weiter systematisch erhöht, existenzielle Abhängigkeiten erzeugt sowie Alternativen blockiert und aushebelt und so die Grundlagen für eine freie Marktwirtschaft zerstört.

Dem korrespondiert die sich permanent ausweitende Einschränkung der Handlungs-, Wahl- und Einflussmöglichkeiten des Einzelnen. Sie spricht nicht nur jedem Verständnis von Demokratie und Selbstbestimmung Hohn, sondern lässt auch die Störanfälligkeit und die Reibungsverluste des sich verhärtenden Gesamtsystems exponentiell wachsen und seine Überlebensfähigkeit schrumpfen: Durch das Aushebeln der Selbstregulations- und Selbstreparaturmechanismen der Systemteile der natürlichen Mitwelt wird ein auf Selbstvernichtung gerichteter Mechanismus in Betrieb gesetzt. Diesen Mechanismus gilt es, durch die Beseitigung der systemischen Blindstellen in Wirtschaft, Politik und Kultur schleunigst zu stoppen. Einige zentrale Blindstellen werden wir im Folgenden aufzeigen, weitere müssen in anschließenden Diskussionen entdeckt und bewertet werden, damit gesellschaftliche Diskurse über die wünschenswerte Zukunft einer Wissensgesellschaft angemessen und ohne Scheuklappen geführt werden können.

Begriffsklärung

> »Mehr als 80 Prozent der Landfläche in der EU sind entweder Wald oder landwirtschaftliche Nutzfläche. Darüber hinaus hat die EU große Meeresgebiete und eine weltweit bedeutende Fischereiwirtschaft. [...] In allen drei Bereichen kann sie große Mengen an Rohstoffen für die Bioökonomie bereitstellen.«
>
> *BIOPRO Baden-Württemberg GmbH*

> »Erst wenn der letzte Baum gerodet, der letzte Fluss vergiftet, der letzte Fisch gefangen ist, werdet ihr merken, dass man Geld nicht essen kann.«
>
> *Weissagung der Cree*

Der Begriff »Bioökonomie« bezeichnet nicht etwa eine Ökologisierung der Ökonomie, sondern eine Ökonomisierung des Biologischen, also des Lebendigen. Geprägt wurde der Begriff 1997 von den Genetikern Juan Enríquez-Cabot und Rodrigo Martínez während einer Veranstaltung der American Association for the Advancement of Science. In einer Zusammenfassung ihres Beitrags über die wirtschaftlichen Potenziale der Genomik definierte Juan Enríquez-Cabot Bioökonomie als den »Bereich der Wirtschaft, der neues biologisches Wissen zu kommerziellen und industriellen Zwecken« nutzt (Enríquez-Cabot 1998, S. 925 f.; Enríquez-Cabot/Martínez 2002).

Damit lieferte der heutige Chairman und CEO der biotechnologischen Forschungs- und Investmentfirma Biotechonomy LLC, der sich selbst zu den »weltweit führenden Fachleuten für die wirtschaftlichen und politischen Auswirkungen der Biowissenschaften« zählt (vgl. Enríquez-Cabot 2003), die Idee für einen breitflächigen Zusammenschluss von Unternehmen vor allem der Biotechnologie-, Chemie-, Pharma-, Agrar- sowie Nahrungsmittel- und teilweise auch der Energieindustrie mit dem Zweck, das zur »biologischen Ressource« erklärte Lebendige umfassend zu verwerten. Diese vernetzte Nutzung wurde in den folgenden Jahren mit verschiedenen Akzentsetzungen und Perspektiven auch als »Green Growth«, »Green Economy«, »biobasierte Bioökonomie« (*biobased economy*), »wissensbasierte Bioökonomie« (*knowledge-based bioeconomy*, kurz KBBE) oder deutlicher als »Industrielle Biotechnologie« bezeichnet. Durchgesetzt hat sich schließlich der international eingängige und in den meisten Sprachen ähnlich lautende Begriff »Bioökonomie«.

Inhalte, Ziele, Programme und Maßnahmen der Bioökonomie

Seit dem Vortrag von Juan Enríquez-Cabot und Rodrigo Martínez im Jahre 1997 ist viel geschehen. Fernab der öffentlichen Aufmerksamkeit wurden internationale Bündnisse geschlossen sowie Politik und Forschung mit dem Versprechen, die Bioökonomie biete lukrative Lösungen für die zentralen Zukunftsprobleme der Menschheit, strategisch geschickt mit ins Boot geholt: In jüngster Zeit ist es vor allem die sich auf die von ihr geförderte Forschung stützende Politik, die sich mit Vehemenz für die restlose kommerzielle Nutzung der Natur unter Verwendung auch umstrittener Verfahren wie der Gentechnik und der Synthetischen Biologie starkmacht und dafür tiefgreifende strukturelle Änderungen verlangt.

Im September 2005 stellte Janez Potočnik, seinerzeit zuständiger EU-Kommissar für Wissenschafts- und Forschungspolitik, ein erstes Grundkonzept der Bioökonomie vor, die er als umfassende kommerzielle Nutzung der biologischen Ressourcen, namentlich durch die Lebenswissenschaften und die Biotechnologie, bezeichnete (vgl. European Commission 2005, CORDIS

2013). Unter Hinweis auf die Aktivitäten vor allem in den Vereinigten Staaten, in Japan, China, Indien und Brasilien mahnte Kommissar Potočnik, es sei notwendig, das auf jährlich rund 1,5 Billionen Euro geschätzte Potenzial der Bioökonomie in Europa gezielt zu erschließen und dafür ein auf einer einheitlichen Definition basierendes Gesamtkonzept zu entwickeln (European Commission 2005, S. 3). 2007 wurde die Bioökonomie dann im 7. Rahmenprogramm der EU eines der zehn EU-Forschungsthemen. Mit dem viel zitierten, im Dezember desselben Jahres unterzeichneten Vertrag von Lissabon hingegen wurde nur allgemein die Schaffung eines gemeinsamen europäischen Forschungsraums (EFR) beschlossen, der analog zum Europäischen Binnenmarkt die Freizügigkeit der Forschung über die Grenzen der Mitgliedstaaten hinweg gewährleisten soll.[1] Ein Jahr später, 2008, machte der Präsident der EU-Kommission, José Manuel Barroso, biobasierte Produkte zu einem der sechs Kernthemen seiner Leitmarktinitiative.

Das gewünschte Gesamtkonzept wurde 2009 von der Organisation für wirtschaftliche Zusammenarbeit und Entwicklung (OECD) vorgelegt und trägt den Titel *The Bioeconomy to 2030. Designing a Policy Agenda* (OECD 2009). Es basiert auf einer 2007 begonnenen Studie des dem Generalsekretär der OECD direkt unterstellten International Futures Programme (IFP) zu den Bedingungen und Chancen der Bioökonomie, in dessen Lenkungsausschuss unter anderem die Vertreter zahlreicher Regierungen saßen.[2] In diesem Konzept werden die von der Politik

1 Genauer gesagt wurde dies in Artikel 179 des in »Vertrag über die Arbeitsweise der Europäischen Union« (AEUV) umbenannten Vertrags zur Gründung der Europäischen Gemeinschaft formuliert, dessen Neufassung mit der Unterzeichnung des Vertrags von Lissabon in Kraft trat.

2 Neben einigen auch finanziell beteiligten Firmen und Forschungseinrich-

zu schaffenden Rahmenbedingungen für die Entwicklung einer global aufgestellten Bioökonomie skizziert. Ferner wird gefordert, durch den kommerziellen Einsatz der Biotechnologie als »Motor für eine ökologisch nachhaltige Produktion« (OECD 2009, S. 6) eine auf der Entwicklung und Nutzung biologischer Materialien basierende Bioökonomie zu schaffen. Diese biete, so die OECD, einen gleichermaßen ökologischen wie ökonomischen Nutzen und liefere einen wesentlichen Beitrag zur Lösung der großen Zukunftsherausforderungen. Zu ihrer Schaffung bedürfe es »innovativer« politischer Rahmenbedingungen sowie koordinierter Strategien seitens der Politik, der Forschung, der Bildung und der Unternehmen.

Die Technikforscherin Petra Schaper-Rinkel bezeichnet das OECD-Konzept

> »als Versuch, eine Politik zu erfinden, die spezifische Spannungsverhältnisse und Widersprüche bearbeitet, die sich in der heutigen globalen Ökonomie zeigen. Erstens reagiert das Konzept auf den Widerspruch zwischen einer fortgesetzten ökonomischen Wachstumsorientierung [...] und der [...] Notwendigkeit einer Abkehr von der fossilen Wirtschaft und ihren hohen CO_2-Emissionen. [...] Ein weiteres Spannungsverhältnis, das das OECD-Konzept bearbeitet, resultiert aus dem verschärften Wettbewerb von Unternehmen, Staaten und Institutionen (z. B. Universitäten) einerseits und den Anforderungen an Kooperation und offene Interaktion andererseits. In der Wettbewerbslogik wird der Aufbau von Kooperationsbe-

tungen saßen in dem Lenkungsausschuss Regierungsvertreter Kanadas, der USA, Japans, Mexikos, Deutschlands, der Schweiz, des Vereinigten Königreichs, Finnlands, Belgiens, der Niederlande, Neuseelands, Schwedens, Frankreichs, Portugals, Islands, Dänemarks, Norwegens und Australiens.

ziehungen, die über klar definierte gemeinsame Ziele hinausgehen, erschwert. In der Innovationsforschung und -politik dagegen wird die Kooperation von unterschiedlichen Akteuren als Grundlage für inter- und transdisziplinäre Forschung angesehen, aus der jene radikalen und disruptiven Innovationen der nächsten Jahrzehnte entstehen könnten, die die Grundlage der Bioökonomie bilden sollen. Drittens geht es um das Spannungsverhältnis, das zwischen dem rigiden Schutz geistiger Eigentumsrechte einerseits und dem für die Forschung notwendigen Zugang zu Wissen andererseits besteht.« (Schaper-Rinkel 2012, S. 156f.)

Das trifft unseres Erachtens zu, und die Aufhebung dieser Spannungsverhältnisse, die in unterschiedlichen Bereichen große Reibungsverluste erzeugen, ist zweifellos sinnvoll. Die Frage ist nur, mit welcher Zielrichtung und welchen Mitteln und in wessen Interesse dies geschieht. Zutreffend bemerkt Petra Schaper-Rinkel auch, dass es sich um die Schaffung einer Ökonomie handelt, »deren Märkte erst durch die Mobilisierung von Akteuren aus Forschung und Industrie wie auch durch ein globales Regime von Verfügungsrechten und Regulierung etabliert werden« (ebd., S. 155). Genau dieser marktwirtschaftswidrige politische Dirigismus fordert zur gesellschaftlichen Diskussion über die Bioökonomie heraus.

Da das multinational erstellte Konzept der OECD in- und außerhalb der EU für das Verständnis des Begriffs der Bioökonomie grundlegend und auch für das weitere Vorgehen der an dem Konzept beteiligten deutschen Politik richtungweisend ist, sei auf die bereits hier verankerten Blindstellen und definitorischen Unsauberkeiten verwiesen: Trotz ihrer sehr unterschiedlichen Folgewirkungen wird nicht zwischen den verschiedenen Biotechnologien differenziert. Dabei ist beispielsweise *erstens* der

Einsatz von gentechnisch veränderten Pflanzen in der Landwirtschaft wegen seiner irreversiblen Folgen für die natürliche Mitwelt und seiner gravierenden politischen und ökonomischen Auswirkungen sicher anders zu bewerten als etwa die energetische Nutzung landwirtschaftlicher Abfälle unter Einsatz biotechnologischer Verfahren.[3] *Zweitens* wird der als Einheit behandelte Haupttreiber Biotechnologie ausschließlich unter seinem Nutzenaspekt betrachtet, wobei der Biotechnologie pauschal Umweltverträglichkeit attestiert wird, während die damit verbundenen Gefahren und Risiken ausgeblendet bleiben. *Drittens* wird das Vorhandensein der Probleme Klimawandel, Umweltzerstörung und weiteres Wachstum der Weltbevölkerung zwar anerkannt, auf deren vielfältig untersuchte Ursachen und die unterschiedlichen systemischen Möglichkeiten ihrer Behebung (etwa durch ökologisch orientierte bildungspolitische Maßnahmen) wird jedoch nicht eingegangen. Ebenso wenig wird analysiert, ob die von wirtschaftlichen Interessen getriebenen wachstumsorientierten Lösungskonzepte der Bioökonomie tatsächlich neue Wege weisen und für eine Problembekämpfung überhaupt geeignet sind. *Viertens* empfiehlt die OECD ein Mehr an staatlichen Eingriffen, um die internationale Kooperation von Unternehmen und Forschungseinrichtungen sowie den Abbau von Hürden für die Ausbreitung »innovativer« Technologien voranzutreiben, ohne sich damit zu befassen, welche Technologien warum als »innovativ« gelten können, welchen Interessen sie unter welchen Bedingungen dienen, von wem die einzelnen Maßnahmen wie vollzogen werden sollen und wie unabhängig von den Interessen globaler Großkonzerne die Politik derartige Eingriffe vornehmen kann und will. Der Tatsache, dass Schlüsselstellen in der Bioökono-

3 Siehe dazu das dritte Kapitel dieses Buches.

mie von internationalen Monopolen und ihren Vertretern besetzt sind, wird ebenfalls keinerlei Aufmerksamkeit geschenkt.[4]

Statt also erst einmal die unerwünschten und unbeabsichtigten Folgewirkungen unserer bisherigen technologischen Entwicklung von ihrer Entstehung her zu beleuchten und kritisch zu reflektieren, zeichnet die OECD ein konfliktfreies und kontrastloses Bild einer vollautomatischen, klimaneutralen, beliebig form- und beherrschbaren Biotech-Welt, die alles Leben in eine hochprofitable Biomasse verwandelt. Wer davon profitiert und wer mit welcher Wahrscheinlichkeit darunter leiden wird, bleibt unerwähnt. Dieser einseitige, reduzierte Blick auf die Realität prägt, wie wir noch ausführen werden, die Sichtweise sämtlicher offizieller Publikationen zur Bioökonomie.

Der nächste Schritt erfolgte 2010, als die OECD beschloss, zusammen mit der Internationalen Humangenom-Organisation (Human Genome Organisation, kurz HUGO) am 17. Mai 2010 in Montpellier ein Symposium zum Thema »Genomics and Bioeconomy« zu veranstalten, zu dem prominente Genomforscher und Bioinformatiker aus aller Welt eingeladen wurden. Sie sollten Ideen zu der Frage präsentieren, »wie ihre Disziplinen als Schrittmacher einer effizienten Bioökonomie dienen« könnten (BMBF 2010a), und auf dieser Basis ein Strategiepapier mit politischen Empfehlungen auf den Weg bringen.

Dieser unverhohlene Griff der auch den Menschen einschließenden Gentechnik nach dem Steuerrad der Politik ließ die Politiker jedoch keineswegs misstrauisch aufhorchen und innehalten – auch nicht in Deutschland, wo die Mehrheit der Bevölkerung eine skeptische bis ablehnende Haltung gegenüber der Gentechnik einnimmt. Ganz im Gegenteil: Das Bundesministerium für Bildung

4 Siehe dazu das zweite Kapitel dieses Buches.

und Forschung (BMBF) versteckte lediglich das Reizwort Gentechnik hinter dem diffusen Oberbegriff »Biotechnologie«. Letztere wurde analog zur OECD als »Innovationsfaktor« der Bioökonomie bezeichnet, der dabei helfen solle, »für Herausforderungen wie knappe Nahrungsmittel, Klimawandel und Umweltverschmutzung neue Lösungen zu entwickeln« (ebd.). Doch nicht nur das: Die derart von der Biotechnologie befeuerte Bioökonomie sei, so das BMBF, »das auf Lebewesen oder biologischen Materialien aufbauende, nachhaltige Wirtschaften« (ebd.).

Nun wird spätestens seit Stephan Schmidheiny und der an den Ergebnissen der Konferenz von Rio 1992 orientierten Einführung des unternehmerischen Umweltmanagements unter nachhaltigem Wirtschaften eine Art des Wirtschaftens verstanden, die vom Vorsorgeprinzip bestimmt wird, also auf die Vermeidung statt auf die anschließende Beseitigung von Umweltschäden gerichtet ist, und die neben ökonomischen und ökologischen auch soziale und kulturelle Kriterien vorbeugend berücksichtigt (vgl. Schmidheiny 1992). Im Rahmen der Bioökonomie erfährt der Begriff der Nachhaltigkeit jedoch eine Umwertung: Nicht die vorsorgende Bewahrung der Um- und Mitwelt, sondern vielmehr ihre dauerhafte kommerzielle Nutzung wird als »nachhaltig« bezeichnet. Dies belegen sowohl die Warnung seitens der Biotech-Industrie, man dürfe »die Einführung von Innovationen [nicht] einer zu engen Auslegung des Vorsorgeprinzips« opfern (Marcinowski 2011, S. 8), als auch die Ausführungen, die Ian Gillespie, der Leiter der OECD-Abteilung für Wissenschaftspolitik, im Zusammenhang mit dem Symposium machte: »Wir verstehen darunter ein künftiges Wirtschaften, das biologische Prozesse, Materialien und Lebewesen immer besser zu nutzen versteht und alle Gebiete des menschlichen Schaffens betrifft.« (Gillespie 2010) Dazu zählten, fasst das BMBF die Ergebnisse des Symposiums zusammen, »neben der Biotechnologie im Gesundheitssektor die Züchtung von Nutzpflanzen und Nutztieren mit verbesserten Eigenschaften sowie die industrielle Biotechnologie, die etwa auf die Produktion von Enzymen, Chemikalien oder Biotreibstoffe abzielt« (ebd.). Was hier zu wessen Nutzen und Schaden warum und mit welchem Recht »verbessert« wird und wieso eine derartige irreversible Brechung der Natur nachhaltig sein soll, wird nicht erörtert.

Dafür verrät das BMBF etwas anderes: »Das Prinzip des grünen, nachhaltigen Wachstums (›green growth‹), das von der Biotechnologie ausgehen soll, falle nicht zuletzt in Zeiten der erlebten Wirtschaftskrise auf fruchtbaren Boden, so Gillespie. Aus seiner Sicht geht es nun darum, die Genomwissenschaften als eine ›wichtige Komponente einer lebendigen Bioökonomie zu etablieren‹.« (Ebd.) Mit anderen Worten: Die Wirtschaftskrise bildet den idealen Nährboden, um mit dem Versprechen, es gebe einen Ausweg aus allen Nöten, die Gentechnik als unverzichtbaren Teil eines rettenden Gesamtpakets salonfähig zu machen.

Ebenfalls 2010, im Oktober, wurde im nordrhein-westfälischen Jülich vom dort ansässigen Forschungszentrum, der RWTH Aachen sowie den Universitäten Bonn und Düsseldorf das erste bioökonomische Forschungszentrum Europas gegründet. Das Bioeconomy Science Center (BioSC) ist ein Verbund aus mehreren renommierten Forschungseinrichtungen, dem inzwischen bereits über fünfzig Institute angehören. Es soll in einem integrativen Gesamtkonzept »Forschung für eine nachhaltige Bioökonomie betreiben«, wobei »alle relevanten Wissenschaftszweige zur nachhaltigen Bereitstellung von Biomasse und biobasierten Produkten sowie Prozessen im Wertschöpfungsnetzwerk Bioökonomie« (BioSC 2013) in diesem Kompetenzzentrum integriert seien. Auch das BioSC scheint den nicht weiter ausgeführten Begriff »Nachhaltigkeit« mit dauerhafter Naturausbeutung gleichzusetzen und erspart sich eine kritische Auseinandersetzung mit den unterschiedlichen Risikopotenzialen der von ihm betriebenen Bereiche.

Parallel zu der interdisziplinären Bündelung von Forschungseinrichtungen wurde 2009 in Deutschland von den Bundesministerinnen Annette Schavan (Forschung) und Ilse Aigner (Landwirtschaft) unter Einbeziehung des Auswärtigen Amts, des Bundesinnenministeriums, des Bundesumweltministeriums und des Bundeswirtschaftsministeriums ein Bioökonomierat gegründet. Er versteht sich als »unabhängiges Beratungsgremium für die Bundesregierung«, dessen Mitglieder »mit ihrem Sachverstand das Thema Bioökonomie inhaltlich in seiner ganzen Breite« abdecken (Bioökonomierat 2013). Bioökonomie umfasst seiner Definition nach »sämtliche Prozesse, die die wettbewerbsfähige und nachhaltige Erzeugung und Nutzung von biobasierten Produkten zum Ziel haben« (Bioökonomierat 2010, S. 12), und erstreckt sich

> »über alle industriellen und wirtschaftlichen Sektoren, die erneuerbare biologische Ressourcen zur Herstellung von Produkten und zur Bereitstellung von Dienstleistungen unter Anwendung innovativer biologischer und technologischer Kenntnisse und Verfahren nutzen. Die wissensbasierte Bioökonomie ersetzt nicht nur konventionell erzeugte Produkte, sondern schafft auch neue, nachhaltig erzeugte Produkte. [...] Mit ihren vielfältigen Möglichkeiten kann die Bioökonomie einen wichtigen Beitrag zur Lösung globaler Probleme leisten.« (Bioökonomierat 2013)

Ein ebenso vollmundiges wie vages Versprechen, dessen Parameter weder definiert noch eingegrenzt werden, was dem Sachverstand der Mitglieder des Rats offenbar entgangen ist.

Im Dezember 2010 veröffentlichte der Rat dann sein im Auftrag der Ministerinnen Schavan und Aigner erstelltes, an den Vorgaben der OECD ausgerichtetes Gutachten (Bioökonomierat 2010), dessen Schlussfolgerungen im Juni 2011 in Brüssel vorgestellt wurden (Bioökonomierat 2011). In dem Papier werden 35 zu fördernde Bereiche genannt, wovon vier vordringliche Priorität eingeräumt wird:

1. »Züchtung von Nutzpflanzen und -tieren auf höhere Erträge bzw. Leistungen und spezifische Eigenschaften sowie die entsprechende Anpassung der Produktionssysteme zur Realisierung des genetischen Leistungspotenzials«,
2. »innovativen Technologien, verbesserten Verfahren und ökonomischer Effizienz in Wertschöpfungsketten«,
3. »Innovationen der biomassebasierten Energieproduktion, -umwandlung und -speicherung« bei verminderter Konkurrenz zur Produktion von Nahrungs- und Futtermitteln,
4. »Forschung zum langfristigen Erhalt von Böden in ausreichender Quantität und Qualität« (ebd., S. 4f.).

Damit lieferte der Bioökonomierat die Grundlagen für das parallel, nämlich ebenfalls 2010 beschlossene Rahmenprogramm »Nationale Forschungsstrategie BioÖkonomie 2030«, an dem mehrere Ressorts beteiligt waren[5] und für dessen Umsetzung die Bundesregierung für die nächsten sechs Jahre 2,4 Milliarden Euro an Steuergeldern bereitgestellt hat. Vorgeblich zum Nutzen des eigenen Landes, denn, so der Bioökonomierat: »Eine Zusammenführung und Vernetzung von heute weitgehend noch sektoral agierenden Wissenschafts- und Wirtschaftsfeldern wird die

5 Neben dem BMBF u. a. das Bundesministerium für Ernährung, Landwirtschaft und Verbraucherschutz (BMELV), das Bundesumweltministerium (BMU) und das Bundesministerium für wirtschaftliche Zusammenarbeit und Entwicklung (BMZ).

deutsche Wettbewerbsfähigkeit stärken und Deutschlands Position als führender Wirtschafts- und Technologiestandort sichern.« (Bioökonomierat 2011, S. 6 f.) Ob und wie Deutschland und seine Bürger wirklich von derartigen Strategien profitieren, werden wir in den folgenden Kapiteln beleuchten.

Jedenfalls hat sich die so beratene deutsche Regierung das Ziel gesetzt, »die Chancen der wissensbasierten Bioökonomie optimal zu nutzen und in dauerhaftes wirtschaftliches Wachstum umzusetzen« (BMBF 2010b, S. 2), und zwar nicht nur national. Vielmehr soll Deutschland weltweit »zu einem führenden Forschungs- und Innovationsstandort« (ebd.) in der Bioökonomie werden. Angestrebt wird eine »Technologieführerschaft sowie Vorreiterrolle bei der Lösung globaler Herausforderungen durch die Förderung von Forschung und Innovation für die Bioökonomie, auch als Verpflichtung gegenüber internationalen Partnern und nachfolgenden Generationen« (ebd.). Um welche Verpflichtungen gegenüber welchen »internationalen Partnern« es sich dabei handelt und wie sie sich begründen, wird ebenso wenig ausgeführt wie tatsächliche Vorsorgemaßnahmen für künftige Generationen genannt werden. Dafür wird aber auch dieses Mal betont: »Die Biotechnologie ist dabei ein wichtiger Impulsgeber.« (Ebd.)

> Das Konzept der Bioökonomie klingt allumfassend, denn es »erfasst die Agrarwirtschaft sowie alle produzierenden Sektoren und ihre dazugehörigen Dienstleistungsbereiche, die biologische Ressourcen – wie Pflanzen, Tiere und Mikroorganismen – entwickeln, produzieren, ver- und bearbeiten oder in irgendeiner Form nutzen. Sie erreicht damit eine Vielzahl von Branchen wie Land- und Forstwirtschaft, Gartenbau, Fischerei- und Aquakulturen, Pflanzen- und Tierzüchtung, Nahrungsmittel- und Getränkeindustrie sowie die Holz-, Papier-,

Leder-, Textil-, Chemie- und Pharmaindustrie bis hin zu Teilen der Energiewirtschaft.« (Ebd.)

Für die weitere Entwicklung in Richtung einer international wettbewerbsfähigen Bioökonomie setzt das BMBF für die Forschungsstrategie fünf Schwerpunkte: »weltweite Ernährungssicherheit, nachhaltige Agrarproduktion, gesunde und sichere Lebensmittel, nachwachsende Rohstoffe industriell nutzen sowie Energieträger auf Basis von Biomasse« (ebd.). Das entspricht im Wesentlichen den Empfehlungen des Bioökonomierats, wobei auch das BMBF eine Definition seiner Kernversprechen – sicher, nachhaltig und gesund – schuldig bleibt.

Mit solch vagen Nutzenversprechen wird also eine koordinierte Ausrichtung von Wirtschaft, Forschung und Politik auf die Biowissenschaften und -technologien betrieben. Ziel ist eine schrankenlose Verwendung der zu »biologischen Ressourcen« erklärten tierischen und pflanzlichen Lebewesen – wobei die Menschen durch die Verwendung des Wörtchens »wie« nicht ausgeschlossen werden, sondern vielmehr in einigen medizinischen Bereichen bereits heute eingeschlossen sind[6] – sowie die Ermöglichung ihrer beliebigen, zweckdefinierten Umgestaltung. Dass das massive Auswirkungen auf unser aller Lebenswirklichkeit haben wird, versteht sich. Denn dazu müssen »vorhandene Strukturen und Rahmenbedingungen an die neuen Anforderungen« angepasst werden (Bioökonomierat 2011, S. 9). Was damit gemeint ist, werden wir im Folgenden ausführen.

Inzwischen haben außer Deutschland weitere EU-Mitgliedstaaten ähnlich lautende Bioökonomie-Strategien oder -Aktivitä-

6 Beispiele für Formen der kommerziellen Nutzung menschlicher Organismen liefern etwa die Verwendung embryonaler Stammzellen in der Medizin, der Einsatz genetisch selektierter Embryonen für die künstliche Befruchtung oder die Rote Gentechnik (vgl. dazu etwa BMBF 2001).

ten beschlossen und teilweise umgesetzt; auch die Vereinigten Staaten, Kanada, China, Indien, Russland, Japan, Brasilien und Südafrika verfügen in diesem Bereich über ehrgeizige Strategien oder zumindest Konzepte. Die EU bekundet nach wie vor ebenfalls lebhaftes Interesse an der Förderung der Bioökonomie: Unter anderem wurde sie im Jahr 2010 zum integralen Bestandteil der »Europa 2020 Strategie« und zum Teil der Flagship-Initiative »Innovationsunion« erklärt. Im Februar 2012 legte die Europäische Kommission dann einen Strategie- und Maßnahmenplan zur Bioökonomie vor, der den Titel *Innovation für nachhaltiges Wachstum: eine Bioökonomie für Europa* trägt (EU-Infothek 2012; European Commission 2012). Neues liefert dieser Plan nicht. Auch hier wird der Begriff »Bioökonomie« als Bezeichnung für »eine Wirtschaft« verwendet, »bei der biologische Land- und Meeresressourcen sowie Abfälle als Ausgangsstoffe für die Lebens- und Futtermittelproduktion, die Industrieproduktion und die Energieerzeugung genutzt werden. Zudem kommen auf biologische Ressourcen gestützte Verfahren in nachhaltigen Industrien zum Einsatz.« (EU-Infothek 2012) Angesichts der zur Neige gehenden fossilen Rohstoffe müsse das Ziel darin bestehen, die Unabhängigkeit von fossilen Energieträgern sowie eine »verstärkte und nachhaltigere Nutzung erneuerbarer Ressourcen« zu erreichen, damit Europa seine Versorgung »mit gesunden Nahrungs- und Futtermitteln« sowie mit Baumaterial, Energie und anderen Produkten auch weiterhin sichern könne (ebd.). Was wann und warum nachhaltig und gesund ist, wird nicht erläutert.

Wie in den Konzepten der OECD und Deutschlands wird eine interdisziplinäre, branchenübergreifende Herangehensweise empfohlen, wobei sich der Plan der EU auf drei wesentliche Aspekte konzentriert: »die Entwicklung neuer Technologien und Verfahren für die Bioökonomie, die Unterstützung der Märkte und der Wettbewerbsfähigkeit in Bioökonomiesektoren und die Verstärkung der Zusammenarbeit zwischen den politischen Entscheidungsträgern und sonstigen Akteuren« (ebd.). Und ebenso wie die anderen Promotoren der Bioökonomie verspricht die für Forschung, Innovation und Wissenschaften zuständige EU-Kommissarin Máire Geoghegan-Quinn ohne weitere Erläuterungen: »Dies wird nicht nur der Umwelt und unserer Lebensmittel- und Energieversorgungssicherheit zu Gute kommen, sondern auch der künftigen Wettbewerbsfähigkeit Europas.« (Ebd.) Auch hier klingt Goldgräberstimmung durch: »Schätzungen zufolge wird sich jeder Euro, der in EU-geförderte Bioökonomie-Forschung und Innovationen investiert wird, bis 2025 in den Bioökonomiesektoren in einem Mehrwert von 10 EUR niederschlagen.« (Ebd.) Für wen und auf welcher Grundlage wird nicht ausgeführt.

Interessant an der EU-Strategie sind vor allem die Einrichtung eines Bioökonomie-Panels zur politischen Beteiligung und Koordinierung der einzelnen Akteure sowie die Veranstaltung regelmäßiger Konferenzen, um »Synergien und Komplementaritäten mit anderen Politikbereichen, Instrumenten und Finanzierungsquellen [zu] schaffen« (ebd.). Aufschlussreich ist in diesem Zusammenhang ferner das vehemente Eintreten der Kommissarin Geoghegan-Quinn für die Gentechnik, deren Gefahren die ehemalige Lehrerin unter Hinweis auf angeblich unabhängige Untersuchungen kleinredet und beschönigt (vgl. European Commission 2010). Dies lässt auf eine gezielte Förderung der Gentechnik durch die EU schließen, denn laut Geoghegan-Quinn haben gentechnisch veränderte Organismen (GVO) »das Potenzial, vor allem in weniger entwickelten Ländern die Unterernährung einzudämmen, die Ernteerträge zu steigern und zur

Anpassung der Landwirtschaft an den Klimawandel beizutragen« (ebd.).

Insgesamt entsteht so der Eindruck, dass unter dem mit verlockenden Heilsversprechen geschmückten Label »Bioökonomie« tiefgreifende wirtschaftliche, politische, juristische und gesellschaftliche Weichenstellungen vorgenommen werden sollen, die weniger eine ökologische als vielmehr eine ökonomische Nachhaltigkeit anstreben, und zwar zugunsten führender Biotech-Unternehmen mit Schwerpunkt Gentechnik. Ob dieser Eindruck begründet ist, ob er sich bei näherem Hinsehen bestätigt oder ob er widerlegt wird, soll im zweiten Kapitel am Beispiel Deutschland exemplarisch untersucht werden.

Technologische Aktionsfelder der Bioökonomie

Die Bioökonomie hat sich einen systemischen, technologischen Rahmen gegeben, der alle »biologische[n] Ressourcen« sowie alle Technologien einschließt, die helfen, ebenjene Ressourcen effizient zu erzeugen und zu be- und verarbeiten. Der folgende Überblick soll einen Eindruck vermitteln, welche Technologien dabei zum Einsatz kommen.

Biotechnologie
Die Biotechnologie bildet, wie oben dargelegt, die Hauptsäule der Bioökonomie. Sie ist eine interdisziplinäre Querschnittstechnologie, die Wissen und Verfahren aus vielen Bereichen – etwa der Biologie, der Chemie, den Ingenieurwissenschaften oder der Verfahrenstechnik – verwendet und mithilfe technischer Methoden biologische Prozesse für die industrielle Produktion nutzt, um Güter und Dienstleistungen bereitzustellen.

Die Biotechnologie unterteilt sich in drei Bereiche: *erstens* in die Grüne Biotechnologie, zu der die Pflanzenbiotechnologie und landwirtschaftliche Anwendungen gehören. Wohl geläufigster und in Deutschland stark umstrittener Schwerpunkt der Agrobiotechnologie ist die Pflanzengenomforschung und die Anwendung biotechnologischer Verfahren in der Pflanzenzüchtung in Form der Grünen Gentechnik. Durch Eingriffe in das Erbgut von Pflanzen soll das gezielte Herbeiführen bestimmter Eigenschaften erreicht werden, beispielsweise bessere Widerstandskraft, Schädlings- oder Krankheitsresistenzen, Herbizidresistenzen oder eine hohe Unempfindlichkeit gegenüber extremer Trockenheit.

Innerhalb der EU spielt der Anbau gentechnisch veränderter Pflanzen eine eher untergeordnete, in Deutschland nach dem Anbauverbot (Transgen 2012) für den Bt-Mais MON810 und die genmanipulierte Kartoffel Amflora sogar kaum noch eine Rolle. Nur in Spanien wurde 2012 im großen Stil, nämlich auf mehr als 116.000 Hektar, der Bt-Mais MON810 angebaut, gefolgt von Portugal mit rund 9000 Hektar. Entsprechend haben lediglich 4,2 Prozent der deutschen Biotech-Unternehmen ihr Betätigungsfeld innerhalb Deutschlands in der Agrobiotechnologie. Der Großteil dieser Unternehmen (47,8 Prozent) hat in Deutschland stattdessen seinen Schwerpunkt in die medizinische oder Rote Biotechnologie verlegt (BMBF 2012a, S. 10).

Dieser *zweite Bereich*, die Rote Biotechnologie, hat ihren Namen von der roten Farbe des Blutes von Mensch und Tier, das den gesamten Organismus symbolisiert. Die Rote Biotechnologie dient der Erforschung und Entwicklung diagnostischer und therapeutischer Verfahren zur Herstellung medizinisch relevanter Produkte wie diagnostischer Biochips oder gentechnisch erzeugter Stoffe, etwa von Impfstoffen, Gerinnungsfaktoren, Interferonen oder Insulin. Ihre Anwendungsgebiete reichen von der Pränataldiagnostik und Vaterschaftstests über den Einsatz tierischer Modellorganismen zur Entwicklung von Therapeutika, das Tissue Engineering zur Herstellung körpereigener Transplantate und der Kriminaltechnik bis hin zur Stammzellentherapie und der in Deutschland beim Menschen verbotenen Keimbahntherapie zur Behebung von Gendefekten. Den scheinbaren Durchbruch brachte die vollständige Sequenzierung, in den Medien oft als »Entschlüsselung« bezeichnet, des menschlichen Genoms durch das Humangenomprojekt, an der von 1990 bis 2004 weltweit rund tausend Wissenschaftler arbeiteten. Dabei stellte sich heraus, dass die vorgenommene Beschränkung auf die codierende DNA und die zur Herstellung von Proteinen dienenden Funktionen der RNA nicht geeignet ist, die tatsächliche Komplexität der Regulationsmechanismen des Erbguts zu erfassen, da die RNA eine Fülle von direkten biologischen Funktionen erfüllt und die angebliche »Junk-DNA« sehr wohl ganz konkrete Aufgaben hat, die zu ignorieren bei Genmanipulationen tödliche Folgen haben kann (vgl. Then 2008, S. 137 ff.).[7] Mit anderen Worten: Trotz aller Forschung verfügt die Wissenschaft, wie die zahlreichen unerwünschten Folgen der genetischen Manipulationen an Organismen zeigen, noch immer erst über ein rudimentäres Wissen, was die Industrie jedoch nicht davon abhält, weiterhin Verfahren anzuwenden, deren Folgewirkungen, wie wir im Folgenden noch an mehreren Beispielen ausführen werden, nicht beherrscht werden und möglicherweise gar nicht beherrschbar sind.

Der Grund, warum die Gentechnik trotz aller sich immer

7 Vgl. dazu die noch immer auf diese simplifizierenden Modelle abhebenden Positiveinschätzungen des BMBF, etwa: {http://www.biotechnologie.de/BIO/Navigation/DE/Hintergrund/basiswissen,did=76340.html} (Stand: April 2013).

deutlicher zeigenden Risiken (vgl. Then 2012) weiter praktiziert wird, liegt zweifellos in den erzielbaren Gewinnen und in den im Bereich der Roten Biotechnologie unterschiedlich zu wertenden Verfahren, deren jeweilige Risikoeinschätzung den Laien in der Regel überfordert. Dennoch überrascht das weitgehende Fehlen von Kritik an diesem Bereich. Im Jahr 2010 machten jedenfalls die irreführend als »Biopharmazeutika« bezeichneten biotechnologisch hergestellten Medikamente und Impfstoffe bereits 17 Prozent vom Gesamtumsatz der deutschen Pharmafirmen aus. Das entspricht einem Umsatz von mehr als 5,2 Milliarden Euro (von Holleben/Pani/Heinemann 2011, S. 9). 2011 waren in Deutschland rund 200 Biopharmazeutika zugelassen (ebd.).

Die Weiße (auch als Industrielle bezeichnete) Biotechnologie, der *dritte Bereich*, schließlich umfasst den Einsatz biotechnologischer Methoden in Form von Mikroorganismen zur Produktion von beispielsweise Enzymen, Aminosäuren, Vitaminen, Antibiotika oder Biokraftstoffen. Der Vorteil dieser industriellen Produktionsverfahren etwa zur Herstellung von Lebensmittelzusätzen oder Medikamenten besteht vorwiegend in der Nutzung nachwachsender Rohstoffe sowie im Einsparen von Energie und Abfällen. In der Regel wird in geschlossenen Systemen mit Bioreaktoren verschiedenster Größe gearbeitet, in denen man unterschiedlichste Organismen für diverse Zwecke kultiviert. Eine öffentliche Debatte über die als gering erachteten möglichen Risiken ist bisher ausgeblieben. Und das, obwohl zum Beispiel in der Fleisch- und Wurstwarenindustrie unter dem Begriff »Ingredients« ein großer, florierender Markt für in ihren kumulativen Effekten noch nicht hinreichend untersuchte Zusatzstoffe existiert. Seine Bedeutung zeigt sich unter anderem auf der Internationalen Fleischfachausstellung (IFFA), wo diesem Wirtschaftszweig eine ganze Messehalle gewidmet ist.

Synthetische Biologie
Die Synthetische Biologie basiert auf der Gentechnologie, geht jedoch weit über die Manipulation von Genen hinaus, da sie künstliches Erbgut und in der Natur so nicht vorkommende Biomoleküle erschafft (vgl. Then 2008, S. 197 ff.). Mit standardisierten Bausteinen (sogenannten »Bio-Bricks«) sollen dann künstliche biologische Systeme und Organismen generiert werden. Das Ziel dieser relativ jungen Wissenschaft, die sich als Schnittstelle zwischen Nano-, Computer- und Biotechnologie definiert, besteht in der Erzeugung von zur Selbstregulation und Reproduktion fähigen Systemen (ebd., S. 198). Zu den Anwendungsgebieten gehören wie bei der klassischen Biotechnologie die Entwicklung optimierter Enzyme, neuartiger funktionaler Materialien, die Erschließung neuer Energiequellen und die Herstellung bestimmter industrieller Grundstoffe und Pharmaka.

Auch mittels der Synthetischen Biologie ist es nicht möglich, Leben »ex nihilo« zu schaffen (Boldt/Müller/Maio 2009, S. 51), sie wirft jedoch noch drastischer als die Gentechnik etliche Fragen in Bezug auf den Lebensbegriff und die künstlich geschaffenen Lebensformen auf. Insbesondere bei der Technikfolgenabschätzung betritt man hier ebenfalls Neuland, denn es lässt sich nicht vorhersehen, wie sich die synthetisierten Lebensformen weiterentwickeln, ob und wie sie sich vermehren und wie sie mit ihrer Umwelt interagieren (ebd., S. 73 ff.). Leben ist eben mehr als die Summe von Genen und ihrer Funktionalität. Der auf Gen- und Biotechnologie spezialisierte Veterinärmediziner und Berater Christoph Then schreibt dazu:

> »Die Frage lautet [...] nicht, ob wir lebensähnliche Systeme schaffen können, sondern ob diese kontrollierbar sein werden. [...] Es ist ein wesentliches Merkmal komplexer biologischer Systeme und ihrer Genregulation, dass sie sich nichtlinear ver-

halten, das heißt, ihre zukünftigen Eigenschaften können auch dann nicht kausal aus ihren Bausteinen abgeleitet werden, wenn das Lebewesen komplett künstlich geschaffen wurde.« (Then 2008, S. 206)

Zu den potenziellen Risiken gehört außerdem der missbräuchliche Einsatz dieser Technologie, dem beispielsweise das »Bio-Hacking«, also das (Um-)Bauen von Genen außerhalb etablierter wissenschaftlicher Laboratorien, ganz neue Möglichkeiten eröffnet (siehe dazu Charisius/Friebe/Karberg 2013). Dazu zählen auch die Schaffung letaler und nichtletaler Biowaffen. Ein ganz besonders brisantes, bisher kaum reflektiertes Gefahrenpotenzial liegt jedoch in der Neudefinition oder Umetikettierung von Leben, die das Verständnis der Unveräußerlichkeit auch unseres eigenen Lebens im Kern verändert und damit massive und höchst konkrete Auswirkungen auf unser aller Existenz haben würde.

Nichtsdestotrotz wird diese Technologie deutschland- und europaweit massiv vorangetrieben. So veröffentlichte das BMBF am 3. März 2013 Förderrichtlinien zum Aufbau von Kapazitäten in der Synthetischen Biologie durch transnationale Forschungsprojekte innerhalb des ERA-NETs ERASynBio, einer Forschungsmaßnahme der Europäischen Kommission. Dabei handelt es sich um eine gemeinsame Maßnahme von 14 EU-Mitgliedstaaten und zwei intensiv an der Synthetischen Biologie forschenden Beobachtern (USA und Österreich) zur Koordination ihrer Förderaktivitäten. Auch in diesem Fall sieht man nur die Chancen, während die Risiken für den Menschen und die natürliche Mitwelt noch nicht einmal erwähnt werden.

»Die Synthetische Biologie ist ein relativ junges und vielversprechendes Forschungsgebiet mit dem Potenzial, Innovation und technologischen Fortschritt zum Wohle der Gesellschaft und insbesondere zur Entwicklung der wissensbasierten Bioökonomie maßgeblich zu prägen«, schwärmt das BMBF und gibt unumwunden zu, dass die neue Technologie noch massivere Eingriffe ermöglicht, was letztlich bedeutet, dass sie damit zugleich noch größere Gefahren birgt als die herkömmliche Gentechnologie (BMBF 2013). In maßloser Selbstüberschätzung werden aber auch diese Risiken für mechanistisch vorhersagbar und damit für kontrollierbar gehalten:

> »Trotz ihrer jungen Geschichte hat die Synthetische Biologie schon deutlich erkennen lassen, dass sie zur Lösung der großen Herausforderungen des 21. Jahrhunderts beiträgt, indem sie neue Forschungsansätze verfolgt und innovative Methoden in der modernen Biotechnologie zum Einsatz bringt. So wird die Synthetische Biologie die Entwicklung hochkomplexer, kontrollierbarer ggf. orthogonaler Biosysteme erlauben sowie die Synthese designter Proteine und Nucleinsäuren, wobei sie klar über das hinausgeht, was bisher durch die Methoden der Gentechnologie gelungen ist. [...] Schwerpunkte der Synthetischen Biologie liegen auf der Vorhersagbarkeit und Kontrolle von Systemverhalten. Da Synthetische Biologie den Versuch darstellt, biologische und auf biologischen Systemen beruhende Komponenten im Sinne der Ingenieurskunst zu konstruieren, sollten die Projekte ingenieurwissenschaftliche Prinzipien [...] einsetzen und Modellierungsansätze zur Optimierung oder Verbesserung biologischer oder biobasierter Einheiten nutzen. Anders als in beschreibenden biologischen Disziplinen wird erwartet, dass die Projekte die gezielte Nutzung von Design sowie der Konstruktion von Bauteilen, Modulen und Systemen beinhalten.« (Ebd.)

Offenbar verschließt man die Augen vor sämtlichen Gefahren. Dieser Eindruck wird dadurch erhärtet, dass man der Forschung anscheinend in jeder Beziehung freie Bahn schaffen will:

»Die erste gemeinsame Bekanntmachung von Förderrichtlinien zielt darauf ab, die interdisziplinäre Zusammenarbeit zu unterstützen und die wissenschaftliche Gemeinschaft in der Synthetischen Biologie zu etablieren und zu stärken. Sie wird es den Forschern erlauben, neue Ansätze und Strategien in dem Gebiet der Synthetischen Biologie zu eruieren. Gleichzeitig wird ein Paket europäischer transnationaler Projekte zur Förderung gelangen und die Identifikation von Barrieren und Bedürfnissen der Akteure in der Synthetischen Biologie erleichtert werden.« (Ebd.)

Precision Farming

Der biotechnologische Wissens- und Technikeinsatz kommt auch im Bereich des Precision Farming (Precision Agriculture) zum Tragen. Dabei handelt es sich um eine wissenschaftlich-technologisch hochgerüstete Präzisionslandwirtschaft, die sich zur Ertrags- und Effizienzsteigerung ausgeklügelter Techniken bedient. Sie wird von der Bioökonomie angestrebt (vgl. BMBF 2010b, S. 20 und 23), denn sie liefert durch die Einsparung von umweltschädlichen Chemikalien ein Entlastungsargument gegenüber Umweltschützern und hilft so, den Fortbestand stabiler Absatzmärkte zu sichern. Gleichzeitig soll sie es ermöglichen, mit maximaler Produktivität genügend »Biomasse« für die biotechnologischen Zukunftsszenarien der Wirtschaft zu erzeugen.

Landwirtschaft ist von jeher in hohem Maße von den vor Ort gegebenen Umweltbedingungen abhängig. Niederschläge, Bodenbeschaffenheit, Schädlingsvorkommen, Klima und Landschaft bestimmen ganz entscheidend mit, was, wann, wo und wie angebaut werden kann. Um diese Parameter möglichst weitgehend erfassen und entsprechend auf sie reagieren zu können, bedient sich der Industrielandwirt in der Präzisionslandwirtschaft nicht nur geobiologischer Informationen. Es setzt auch ein umfangreiches technisches Equipment zur ortsgenauen Kartierung von Bodeninformationen, Erträgen und Pflanzenparametern sowie zur gezielten, ständig neu angepassten Umsetzung dieser Informationen für eine effiziente Bewirtschaftung ein (vgl. Gandorfer/Meyer-Aurich/Heißenhuber 2004, S. 27). Die Anwendungsgebiete des Precision Farming lassen sich untergliedern in (vgl. Kloepfer 2011):

- die Teilflächenbewirtschaftung unter Einsatz von Sensoren und satellitengesteuerten Ortsbestimmungssystemen zur Beschaffung von Informationen über die Eigenschaften von Böden und Pflanzen, um auf dieser Basis Aussaat, Düngung und Pflanzenschutz bestimmen zu können;
- die Geräteführung durch elektronisch ansteuerbare Vorrichtungen und Maschinen, die es ermöglicht, die Durchführung von Maßnahmen in der landwirtschaftlichen Pflanzenproduktion flexibel auszugestalten;
- das landwirtschaftliche Management über eine Office-Software zur Sammlung und Verwaltung von Daten;
- die Dokumentation von Maschinenzeiten sowie Ernte- und Ausbringmengen.

Mittels Sensoren, Bildanalyse, GPS, Geoinformationssystemen (GIS), Bord- und Spritzcomputern lässt sich bei gleichbleibender Wirkung auch der Einsatz von Herbiziden reduzieren, weil man so die Verteilung der als Unkraut bezeichneten Wildpflanzen auf dem Feld lokalisieren und gezielter bekämpfen kann (vgl. Julius Kühn Institut o. J.). Auf diese Weise können laut einer auf Daten aus dem Jahr 2002 basierenden Schätzung bis zu 70 Prozent an Herbiziden und bis zu 36 Euro pro Hektar eingespart werden (vgl. Timmermann/Gerhards/Kühbauch 2002, S. 249-260). Dasselbe gilt für die teilspezifische Bewirtschaftung mit

Düngemitteln, die ebenfalls Einsparpotenziale bietet. Die dazu notwendigen Informationen erhält der Landwirt aus kartierten Standortinformationen oder durch Sensoren (vgl. Gandorfer/Meyer-Aurich/Heißenhuber 2006, S. 24-26).

Mithilfe von Precision Livestock Farming soll darüber hinaus auch die Tierhaltung effizienter gestaltet werden. So wird beispielsweise eine spezielle Berechnungssoftware zur optimalen Futterverwertung eingesetzt.

Durch Precision Farming lassen sich Umweltrichtlinien ohne Umsatzeinbußen zuverlässiger einhalten, und dank der EDV-gestützten Dokumentation wird außerdem dem Verbraucherschutz und der Forderung nach Transparenz Rechnung getragen. Dennoch ist man sich in Fachkreisen uneins, welchen Beitrag das Precision Farming zum Umweltschutz leistet. Zwar vermindert eine Reduktion von Dünge- und Pflanzenschutzmitteln die Belastung der Umwelt, und eine spezifisch angepasste Bodenbearbeitung kann die Erosion und die Verdichtung der Böden verringern und ihre Fruchtbarkeit erhöhen. Aber das eigentliche Problem, die Schädigung der natürlichen Mitwelt durch chemische Schadstoffe, Monokulturen und zerstörerische Anbaumethoden, wird dadurch nicht behoben, sondern lediglich minimiert, weil die Ursachen nicht beseitigt werden. Das führt jedoch angesichts der Expansionspolitik der Bioökonomie und des weltweiten Vordringens der Grünen Gentechnik zu einer weiteren Zerstörung unserer Lebensgrundlagen.

Energetische Biomassenutzung

Nachdem Deutschland sich nach der Reaktorkatastrophe von Fukushima im Jahr 2011 endgültig entschloss, aus der Kernenergie auszusteigen, wurde die Suche nach tragfähigen Alternativen forciert. Parallel zur Energiegewinnung aus Wind, Wasser und

Sonne soll hierzulande künftig die Nutzung von »Biomasse« ausgebaut werden. Das klingt zunächst einmal vernünftig, denn Energie, die mit Windkrafträdern oder durch Photovoltaik produziert wird, birgt ein Problem: Sie muss im Wesentlichen unmittelbar nach ihrer Erzeugung genutzt werden, denn derzeit gibt es (noch) keine technisch ausgereifte und marktfähige Möglichkeit der Speicherung. Zudem ist die Nutzung von Erdwärme zur Stromerzeugung ineffizient, und die hierfür erforderlichen Geothermie-Megaprojekte haben sich (ähnlich wie das Fracking) als höchst fragwürdig erwiesen.[8]

Doch statt durch Fördermittel dafür zu sorgen, dass mit Hochdruck an der Entwicklung effizienter Energiespeicher gearbeitet wird, um vor allem die unter Umweltgesichtspunkten am wenigsten problematische Solarenergie voranzubringen, wird die Förderung in diesem Bereich massiv zusammengestrichen. Stattdessen treibt man die energetische Biomassenutzung voran. Dafür werden neben Abfällen aus der Massentierhaltung (wie etwa Gülle) vor allem Pflanzenstoffe verwendet, zu denen Stroh und

8 Die Nutzung von Erdwärme für die Stromgewinnung ist, wie die Erfahrung vieler Länder und Regionen zeigt, aus mehreren Gründen problematisch. Die Kritiker führen an, dass die gigantischen Tiefbohrungen ähnlich wie beim Fracking zu weitläufigen, kaum kontrollierbaren Erderschütterungen mit der Gefahr der Auslösung von Beben führen, hochgiftige Chemikalien eingesetzt werden, bei den Bohrungen und beim Betrieb ein ohrenbetäubender Lärm entsteht, durch die Umwälzungen riesiger Wassermengen der natürliche Wasserhaushalt massiv gestört wird, das erhitzte Wasser in die Umwelt gelangt und die Effizienz dieser mit Steuermitteln geförderten Megaprojekte miserabel ist (vgl. etwa Janzing 2011). Inzwischen haben sich im bereits betroffenen Bayern zahlreiche Bürgerinitiativen gebildet, die in akribischer ehrenamtlicher Arbeit die belegbaren Schäden in aller Welt an Umwelt und Häusern aufgeführt haben; vgl. dazu etwa: {http://alternative-energiequellen.info/alternative_db/wordpress/news/weilheim-widerstand-gegen-geothermie-wachst} (Stand: April 2013).

Holz oder pflanzliche Abfälle ebenso gehören wie eigens zu diesem Zweck angebaute Zuckerrüben oder Mais. Aus ihnen können flüssige oder gasförmige Biokraftstoffe hergestellt werden, die sich so lange wie nötig lagern und speichern lassen. Schon unter der rot-grünen Bundesregierung, die den längerfristigen Atomausstieg plante, wurde der Anbau energiereicher Pflanzen gefördert, und er hat in den vergangenen Jahren ständig weiter zugenommen. 2011 wurden allein in Deutschland auf einer Fläche von etwa 2,28 Millionen Hektar energetisch genutzte Pflanzen angebaut – eine Steigerung von sechs Prozent gegenüber dem Vorjahr (vgl. Fachagentur für Nachwachsende Rohstoffe 2011a).

Der Haken besteht vor allem in der seit Langem bekannten negativen Ökobilanz des Anbaus von Pflanzen für die energetische Nutzung von Biokraftstoffen, ein Punkt, auf den wir im Kapitel »Wozu Bioökonomie? Nutzenversprechen und Realität« genauer eingehen werden.[9] Dieses Problem wurde inzwischen zumindest teilweise auch regierungsseitig erkannt (vgl. BMELV/BMBF/BMU/BMWi 2012, S. 24), weshalb im Rahmen der Bioökonomie die verstärkte Nutzung pflanzlicher und tierischer Abfallprodukte und leicht anbaubarer, nicht zur Ernährung geeigneter Pflanzen wie bestimmter Gräser oder Algen angestrebt wird (ebd.). Verzichten will die Bundesregierung auf die energetische Nutzung von Pflanzen allerdings nicht. Bis zum Jahr 2050 sollen vielmehr bis zu 23 Prozent des Primärbedarfs an Energie aus Biomasse gedeckt werden (Fachagentur Nachwachsende Rohstoffe 2011b).

9 Bereits Roland Berger und Hans-Gerd Servatius haben in *Die Zukunft des Autos hat erst begonnen. Ökologisches Umsteuern als Chance* (München: Piper 1994, S. 144 f.), auf diese Problematik hingewiesen.

Biokunststoffe

Biokunststoffe basieren insbesondere auf pflanzlicher Stärke und Zellulose, die zu Biopolymeren umgewandelt und anschließend als Biokunststoff extrudiert oder tiefgezogen, also unter Einsatz von Wärme umgeformt werden (vgl. Organic Plastics 2008). Ein weiteres Merkmal ist die Kompostierbarkeit, die jedoch kein zwingendes Kriterium für Bioplastik darstellt.

Die Produkte aus Biokunststoff sind inzwischen durchaus haltbar, weshalb sie sich einer wachsenden Beliebtheit erfreuen. Anwendung finden sie insbesondere in der Verpackungsindustrie. Schätzungen zufolge soll der europäische Markt für Biokunststoffverpackungen bis 2016 von 142,8 Millionen Euro im Jahr 2009 auf 475,5 Millionen anwachsen; die weltweite Produktion von Biokunststoffen soll bis 2015 von derzeit knapp einer auf rund 1,7 Millionen Tonnen steigen (GIT Labor-Portal 2011).

Analog zu den Biokraftstoffen besteht das Problem bei den Biokunststoffen in der Art der Gewinnung der Rohstoffe, also in den Anbaumethoden, im Flächenverbrauch und in der Flächenkonkurrenz zur Nahrungs- und Futtermittelproduktion. Erschwerend kommt hinzu, dass die Rohstoffe für Bioplastik auch in Europa nicht selten von genmanipulierten Pflanzen stammen. Damit sind auch die Biokunststoffe ein Einfallstor für die Grüne Gentechnik.

Nutrigenomik

Die auf der Genomik basierende Nutrigenomik ist eine noch junge Forschungsdisziplin, die zur Vermeidung ernährungsbedingter Erkrankungen an der Entwicklung einer personalisierten, maßgeschneiderten Ernährung auf der Basis des Genotyps des jeweiligen Individuums arbeitet. Dazu integriert sie Genom- und Ernährungsforschung sowie Pflanzenbiotechnologie. Bereits geringe genetische Unterschiede können verschiedene Reaktionen auf ein Nahrungsmittel zur Folge haben und über dessen Verträglichkeit oder Unverträglichkeit bestimmen. Im Rahmen der Ethnobiologie wird etwa die Frage untersucht, welche Auswirkungen die Anpassungsleistungen der Vorfahren auf die Verträglichkeit spezifischer Nahrungsmittel für heutige Generationen haben. Bestes Beispiel ist die weitverbreitete Laktoseintoleranz auf dem afrikanischen und dem asiatischen Kontinent. Während der Konsum von Kuhmilch dort überwiegend zu Übelkeit und Verdauungsstörungen führt, kann die Mehrzahl der Europäer Milchzucker gut verdauen – sie haben sich genetisch an den Milchkonsum angepasst.

Durch die Nutrigenomik sollen Allergien, Unverträglichkeiten und Über- wie Unterernährung vermieden und von Kindheit an eine optimale Versorgung jedes Einzelnen mit einem maßgeschneiderten Mix aus Nährstoffen in der für ihn idealen Menge garantiert werden.

Von einer Zusammenarbeit der Nutrigenomik mit der Pharmakogenomik, also der personalisierten Medizin, erhofft man sich außerdem ein effizienteres Zusammenwirken von ernährungsmedizinischen und medikamentösen Maßnahmen. Zudem will man zur Prävention von Krankheiten Auswirkungen einzelner Ernährungsbausteine über biologische Marker, die auf Vorstufen von Erkrankungen hinweisen, identifizieren und daraus Ernährungsempfehlungen ableiten, um den zu erwartenden Krankheitsverlauf positiv zu beeinflussen (vgl. Wahli/Constantin 2009, S. 242-245).

Die Nutrigenomik führt jedoch möglicherweise nicht zu einer gesünderen Ernährungs- und Lebensweise, sondern zu einer noch künstlicheren Ernährung in Form von Fertignahrungsmitteln in Modulbauweise. Das mag bei schweren Erkrankungen oder in

Fällen extremer Fettleibigkeit über einen gewissen Zeitraum gerechtfertigt sein, als lebenslanges Ernährungsmodell für die gesamte Menschheit wirkt es eher abschreckend unnatürlich. Zudem ergeben sich bei der Erhebung genetischer Daten gravierende Datenschutzprobleme, vor allem wenn diese Informationen über die individuellen gesundheitlichen Risiken routinemäßig von allen Bürgern erhoben werden. Außerdem ist zu klären, welchen Einfluss eine Ernährung auf die menschliche Psyche und auf die Gesundheit hat, die sich ausschließlich am Genom und nicht mehr an Genuss, Geschmack und Esskultur orientiert, die erwiesenermaßen eine wichtige gesundheitliche Steuerungsfunktion erfüllen. All diese Fragen sind bisher weitgehend unbeantwortet geblieben.

Die Hauptakteure in Deutschland

> »Der BioÖkonomieRat vertritt die Auffassung, dass sich die deutsche Bioökonomie […] im internationalen Umfeld strategisch und partnerschaftlich aufstellen sollte. Wesentlich sind hierbei auch einheitliche länderübergreifende Grundsätze, z. B. für Import von Biomasse und Zulassung entsprechender Kulturarten zum Anbau. Bei Technologieentscheidungen, wie der Nutzung von gentechnisch veränderten Pflanzen, sollten nicht nur die Risiken der Nutzung, sondern auch jene der Nicht-Nutzung in die wissenschaftliche Bewertung eingehen. […] Als Voraussetzung zur Realisierung des Forschungs- und Innovationspotenzials empfiehlt der Rat, vorhandene Strukturen und Rahmenbedingungen an die neuen Anforderungen der Bioökonomie anzupassen.«
>
> *Bioökonomierat*,
> Prioritäten in der Bioökonomieforschung

> »Das Trojanervolk […] riss die Mauern nieder, […] fügte Räder an die Füße des Rosses. […] Dann zogen sie es im Triumph nach der Stadt. […] Als die Maschine über die erhöhten Torschwellen rollte, stockte ihr Lauf vier Mal, und vier Mal dröhnte ihr Bauch wie von Erz. Aber die Trojaner waren mit Blindheit geschlagen und führten das Ungeheuer jubelnd auf ihre heilige Burg.«
>
> *Gustav Schwab,*
> Die schönsten Sagen des klassischen Altertums

Wie im vorigen Kapitel beschrieben, verdankt sich das Konzept der Bioökonomie internationalen, durch die OECD gebündelten und durch ein Grundsatzpapier (vgl. OECD 2009) in Form gebrachten Anstrengungen. Das als besonders umweltbewusst geltende Deutschland nimmt dabei innerhalb der EU eine Vorreiterrolle ein. Ziel ist die Erschließung neuer finanzieller Potenziale durch die umfassende Nutzung aller Organismen. Um diese Nutzung gegen »Innovationshemmnisse« durchzusetzen, wird eine ressort-, länder- und branchenübergreifende interdisziplinäre Zusammenarbeit und Vernetzung von Wirtschaft, Politik und Forschung forciert. Gleichzeitig hat sich ein Wettlauf der Weltmächte und -konzerne entfaltet, die sich durch die Schaffung entsprechender Vernetzungsstrukturen, das Vorantreiben ihrer biotechnologischen Forschung und die Sicherung von Boden- und Meeresrechten eine möglichst günstige Ausgangsposition für den Start in eine neue, biobasierte Ära sichern wollen.

»Im globalen Wettbewerb geht es derzeit vor allem darum, sich mit bioökonomischen und grünen Innovationen strategisch zu positionieren«, schreiben Barbara Unmüßig, Thomas Fatheuer und Wolfgang Sachs in einem gemeinsamen Beitrag.

> »Einige wenige große transnationale Unternehmen in den USA, Europa, Japan, China und anderen asiatischen Ökonomien verfolgen dabei das Ziel, die strategische Kontrolle ganzer Wertschöpfungsketten zu erlangen. Mächtige Konzerne wie Monsanto, Procter & Gamble, Chevron und BASF begreifen die sogenannten grünen Energien oder auch den Zugang zu genetisch verändertem Saatgut längst als ihre zentralen Geschäftsfelder. Zudem gehen diese Unternehmen untereinander immer neue Allianzen ein [...]. Hier zeichnet sich – wenn politisch nicht gegengesteuert wird – eine alarmierende Machtkonzentration ab. [...] Die Produktion und Vermarktung von Düngemitteln, Pestiziden und (genetisch verändertem) Saatgut befinden sich schon heute überwiegend in der Hand derer, die den globalen Lebensmittelmarkt kontrollieren. Das Ziel der mächtigen Saatgut-, Düngemittel und Pestizid-Lobby besteht darin, sich diese Marktmacht langfristig zu sichern. [...] Aus diesem Grund werden die sogenannten geistigen Eigentumsrechte auf internationalen Wirtschaftskonferenzen verhandelt und von unzähligen bilateralen Handelsab-

kommen zwischen Industrie- und Entwicklungsländern festgeschrieben. Kleinbauern und -bäuerinnen [...] verfügen jedoch zumeist nicht über den politischen Einfluss, sich gegen die Bedingungen der globalen Konzerne zur Wehr zu setzen.« (Unmüßig/Fatheuer/Sachs 2012)

In Deutschland ist es nach außen hin die Regierung, die sich mit Vehemenz für die Biotechnologie – und hier vor allem für die Gentechnik – als Hauptträger der Bioökonomie einsetzt und für ihre weitere Entwicklung großzügig Fördergelder aufwendet, vorgeblich zum Nutzen künftiger Generationen. Doch ist es wirklich die Politik, die in Deutschland das Heft in der Hand hat und souverän über die gerechte Verteilung und den schonenden Umgang mit den biologischen Ressourcen als Lebensgrundlagen ihrer Bürger wacht? Oder wird die Politik von Wirtschaftslobbyisten zur finanziellen Förderung und zum Schaffen günstiger gesetzlicher Rahmenbedingungen missbraucht? Ein Blick auf die hinter den Kulissen agierenden Akteure und die von ihnen vertretenen Interessen soll hierüber Aufschluss geben.

Der Bioökonomierat

Die in Deutschland wichtigste Instanz in Sachen Bioökonomie ist der Bioökonomierat. Er definiert sich als »unabhängiges Beratungsgremium«, das »die Bundesregierung bei der Umsetzung der ›Nationalen Forschungsstrategie BioÖkonomie 2030‹ mit dem Ziel« berät, »optimale wirtschaftliche und politische Rahmenbedingungen für eine biobasierte Wirtschaft zu schaffen. [...] Zudem gibt er Empfehlungen ab, wie Aus- und Weiterbildung sowie Forschung und Entwicklung optimal gefördert werden«. (Bioökonomierat 2013) Der Rat bestimmt damit wesentlich darüber mit, welche Wirtschafts- und Forschungsbereiche künftig gefördert oder nicht gefördert werden und welche politischen und rechtlichen Weichenstellungen die Regierung vornimmt, um die bioökonomischen Zielvorgaben zu erreichen.

Am auffälligsten an dem richtungweisenden Gutachten (Bioökonomierat 2010) des Bioökonomierats ist die unkritische Einseitigkeit, mit der er umstrittene technologische Entwicklungen wie die Gentechnik befürwortet und verteidigt und ihre Risiken ausblendet, sowie der vollständige Verzicht auf eine Auseinandersetzung mit den sozialen, politischen, kulturellen und wirtschaftlichen Ursachen der aufgeführten Probleme, also etwa mit Umweltzerstörung, Klimawandel oder Hunger, auf welche die Bioökonomie angeblich die perfekte Antwort gibt. Statt sich mit den Problemursachen und vorhandenen alternativen Produktions- und Lebensformen (etwa einer ökologischen Intensivierung oder der Permakultur) zu befassen, welche derartige Probleme erst gar nicht entstehen lassen, empfiehlt der Rat ein unreflektiertes Fortschreiben bestehender wachstumsorientierter technologischer Lösungen, welche eben gerade zu den Schwierigkeiten geführt haben, die sie nun beseitigen sollen. Das moniert auch eine Untersuchung des Naturschutzbundes Deutschland (NABU), die zu folgendem Schluss kommt:

> »Das Gutachten des Bioökonomierats ist (fast) ausschließlich technologisch ausgerichtet. So werden auf der Basis vorhandener Trends, wie der Zunahme der Weltbevölkerung, der Veränderung der Ernährungsgewohnheiten oder des Klimawandels, Herausforderungen der Zukunft beschrieben und als Handlungsoption schwerpunktmäßig technologische Optionen ausgeleuchtet. Andere Handlungsoptionen, wie sie beispielsweise in der Reduktion des Fleischkonsums bestehen, werden nicht diskutiert oder erwähnt, obgleich damit erhebliche umwelt-

entlastende und gesundheitsfördernde Effekte erzielt und zugleich die Flächeninanspruchnahme deutlich reduziert werden könnten.« (Petschow 2011, S. 4)

Diese erstaunlich unkritische und innovationsverhindernde Haltung schlägt sich dann etwa in der unbewiesenen Behauptung nieder, mit den empfohlenen biotechnologischen Lösungen könnten »die vorhandenen biologischen Ressourcen [...] nachhaltiger als bislang genutzt« werden (Bioökonomierat 2010, S. 11) und eine »stärkere Nutzung biobasierter Produkte« könne »zweifellos dazu beitragen, die Klimaziele sowie das Ziel ›Bekämpfung von Hunger und Armut‹ der UN-Millenniumsziele zu erreichen« (ebd., S. 8). Wie zweifelhaft dies tatsächlich ist, zeigen die katastrophalen Auswirkungen der industriellen Landbewirtschaftung für Mensch, Tier und Umwelt (vgl. Pfiffner et al. 2001; The Soil Association 2000), vor allem wenn dabei auch noch Gentechnik eingesetzt wird (vgl. Bøhn et al. 2008; Kramarz et al. 2007; Rosi-Marshall et al. 2007; Saxena et al. 1999).

Dazu passt, dass sich – wie auch eine Gruppe von Wissenschaftlern der Universität Hamburg bemängelt – sowohl in dem Gutachten des Bioökonomierats als auch in der *Nationalen Forschungsstrategie BioÖkonomie 2030* »keinerlei substanzielle Ausführungen zur Nachhaltigkeit« finden lassen (Albrecht et al. 2012, S. 12), obwohl dies für den Beleg der behaupteten Nachhaltigkeit der Bioökonomie entscheidend wäre. »Die bis heute vorgelegten Pläne und Programme«, urteilen die Hamburger Wissenschaftler, »sind daher strukturkonservative Fortschreibungen heutiger industrieller Erzeugungsportfolios und Massendurchsätze und nur in technischen Details wirkliche Innovationen. Auch in Bezug auf die Forschung werden die Hauptrichtungen technologieorientierter Forschungsstrategien festgeschrieben.« (Ebd., S. 20) Da dies angesichts der Qualifikationen der Ratsmitglieder kaum an fachlicher Inkompetenz oder dem Unwissen über die Grundlagen wissenschaftlichen Arbeitens liegen kann, stellt sich die Frage nach den Funktionen und Verflechtungen der Mitglieder, also nach ihren Interessen.

Angesiedelt war der Bioökonomierat bis Herbst 2012 bei der staatlich und durch Spenden finanzierten Deutschen Akademie für Technikwissenschaft (acatech), die auch »Empfehlungen« gibt, »wie Biotechnologie künftig sachgerecht und ausgewogen kommuniziert werden kann« (acatech 2012). In ihrem Senat, der »die Akademie in strategischen Fragen« berät, sind neben den Lenkern großer Technologiekonzerne prominente Verfechter von Biotechnologie und Gentechnik zu finden. Zu ihnen gehört Ernst-Ludwig Winnacker, Mitglied der Aufsichtsräte der Bayer AG, der Medigene AG und der Wacker Chemie AG. Von 1987 bis 1993 war er Leiter des Laboratoriums für Molekulare Biologie am Genzentrum der LMU München, bis 2006 Präsident der Deutschen Forschungsgemeinschaft, von 1984 bis 1992 Mitglied der Enquête-Kommission des Bundestages zu »Chancen und Risiken der Gentechnologie«, von 2007 bis 2009 Generalsekretär des Europäischen Forschungsrats. Zudem ist er seit 2009 Generalsekretär der biowissenschaftlich und gentechnologisch ausgerichteten International Human Frontier Science Program Organization. Auch Peter Gruss gehört dem Senat der acatech an. Gruss ist seit 2002 Präsident der Max-Planck-Gesellschaft, wo er bereits seit 1986 als Direktor der Abteilung Molekulare Zellbiologie fungiert. Im Jahr 2003 war er Mitglied des Lenkungsgremiums Nationales Genomforschungsnetz des BMBF, von 2006 bis 2008 Mitglied des Rats für Innovation und Wachstum der Bundesregierung sowie Mitbegründer der seit 2010 zu Evotec gehörenden DeveloGen AG. Hochkarätig vertreten sind in der acatech ferner Biotechnologie-, Pharma- und Chemieunternehmen wie die

BASF SE durch Vorstandsmitglied Andreas Kreimeyer, die Bayer AG durch ihren Vorstandsvorsitzenden Marijn Dekkers, die Merck KGaA durch den Vorsitzenden ihrer Geschäftsleitung Karl-Ludwig Kley oder die Clariant AG durch den Vizepräsidenten ihres Verwaltungsrats und früheren Vorstandsvorsitzenden der Süd-Chemie AG Günter von Au.

Die Mitglieder des Bioökonomierats werden durch das Präsidium der acatech bestimmt und durch dessen Präsidenten oder Stellvertreter berufen (Deutscher Bundestag 2009, S. 2). In der ersten, von 2009 bis 2012 dauernden Arbeitsphase,[10] in der die für die Bundesregierung richtungweisenden Papiere des Bioökonomierats entstanden, fungierte der Präsident von acatech, Reinhard F. Hüttl, gleich selbst als Vorsitzender des Bioökonomierats. Der an der Brandenburgischen Technischen Universität Cottbus und am Helmholtz-Zentrum Potsdam tätige Professor für Bodenschutz und Rekultivierung leitete von 1986 bis 1992 das internationale Forschungsreferat des Bergbauunternehmens Kali und Salz, später K+S AG (in der acatech durch Vorstandsmitglied Gerd Grimmig vertreten), das damals noch zu BASF gehörte. Von 2000 bis 2006 war er Mitglied des Wissenschaftsrats, ab 2003 Vorsitzender der Wissenschaftlichen Kommission des Rats.

10 Für die zweite, von 2012 bis 2016 dauernde Arbeitsphase wurden neue Mitglieder bestimmt, die sich von ihrer Ausrichtung und ihren Funktionen her jedoch kaum von den vorherigen Mitgliedern unterscheiden, wobei ein Teil von ihnen bereits dem ersten Bioökonomierat angehörten (vgl. dazu etwa {http://www.biooekonomierat.de/biooekonomierat/rats mitglieder.html}[Stand: Oktober 2013]). Den Vorsitz des Bioökonomierates teilen sich jetzt die Gentechnikerin Christine Lang, Geschäftsführende Gesellschafterin der Organobalance GmbH, und Joachim von Braun, Direktor des Zentrums für Entwicklungsforschung an der Universität Bonn, der bereits dem ersten Bioökonomierat als stellvertretender Vorsitzender angehörte.

Als stellvertretende Vorsitzende fungierten an seiner Seite: erstens Andreas J. Büchting, Vorsitzender des Aufsichtsrats der auch gentechnisch verändertes Saatgut vertreibenden KWS SAAT AG; zweitens Bernd Müller-Röber, Professor für Molekularbiologie am Max-Planck-Institut für Molekulare Pflanzenphysiologie und an der Universität Potsdam mit Schwerpunkt Pflanzengenomforschung und Genregulation bei Pflanzen; drittens der Agrarökonom Joachim von Braun, inzwischen einer der beiden Vorsitzenden des Bioökonomierats. Er ist zudem Direktor des Zentrums für Entwicklungsforschung (ZEF), Mitglied der nordrhein-westfälischen Akademie der Wissenschaften, des internationalen Beirats der chinesischen Akademie der Agrarwissenschaften (CAAS) sowie Fellow der American Association for the Advancement of Science (AAAS) und war von 2000 bis 2003 Präsident der Internationalen Agrarökonomen-Vereinigung. Auch die Funktionen der übrigen Ratsmitglieder der ersten Stunde sind aufschlussreich: Helmut Born ist Generalsekretär des Deutschen Bauernverbands; der Genforscher Manfred Schwerin ist Vorstand der BioCon Valley GmbH und außerdem Professor für Tierzucht an der Universität Rostock sowie Vorstand des Leibniz-Instituts für Nutztierbiologie. Darüber hinaus war er bis 2010 Berater des European Animal Disease Genomics Network of Excellence for Animal Health and Food Safety, bis 2011 Mitglied des Wissenschaftlichen Beirats des Gentechnetzwerks FUGATO sowie des ungarischen Research Institute for Animal Breeding and Nutrition. Wiltrud Treffenfeldt ist Direktorin für Bioprozessentwicklung bei Dow AgroSciences LLC, einer auf Biotechnologie und Pflanzenschutzmittel spezialisierten, 100-prozentigen Tochter von Dow Chemical. Holger Zinke fungiert als Vorstandsvorsitzender des Biotechnologieunternehmens BRAIN AG (weiße Gentechnik), zu dessen Kunden unter anderem BASF gehört. Genannt sei auch der Gentechnikbefürworter Christian Patermann, einst Direktor für Biotechnologie, Landwirtschaft und Ernährung in der Generaldirektion Forschung der Europäischen Kommission, jetzt wissenschaftspolitischer Berater des Clusters Biotechnologie Nordrhein-Westfalen und im Forschungszentrum Jülich. Außerdem ist er Vorsitzender des Standing Committee on Agricultural Research (SCAR) sowie Berater internationaler sowie nationaler öffentlicher und privater Einrichtungen in Fragen der EU, der Forschungsförderung und der internationalen Zusammenarbeit.

Die im Rat und in der acatech vertretenen Konzerne wie BASF, Bayer oder KWS SAAT AG und die einschlägigen Forschungsinstitute und Berater profitieren, wie wir weiter unten noch ausführen werden, direkt und indirekt von den von ihnen empfohlenen Fördermitteln für Gentechnik, Biotechnologie und eine weitere Effizienzsteigerung der Massentierhaltung. Letztere ist ein lukrativer Absatzmarkt nicht nur für Futter- und Desinfektionsmittel, sondern auch für Medikamente: In Deutschland wird zum Beispiel ein Drittel der verkauften Antibiotika in der Tierhaltung verwendet (vgl. Erklärung von Bern/Forum Umwelt und Entwicklung 2012, S. 7), wo der Einsatz von 2005 bis 2011 verdoppelt wurde (vgl. Birkel 2013), und eines der in der Tiermast am häufigsten verwendeten Antibiotika wird von Bayer hergestellt (vgl. Erklärung von Bern/Forum Umwelt und Entwicklung 2012, S. 7).

Das vehemente Eintreten des Bioökonomierats für Gentechnik, industriellen Landbau und ein Zurückdrängen des Naturschutzes verwundert daher nicht. So meint etwa Ratsmitglied Stefan Marcinowski, bis April 2012 Vorstandsmitglied der BASF SE und Vorsitzender des Vorstands der Deutschen Industrievereinigung Biotechnologie (DIB): »Die Industrienationen stehen vor einer Renaissance des ländlichen Raumes, die mehr statt weniger Anbaufläche benötigen wird, wenn sie den Weg der Bioökonomie konsequent einschlagen.« (DIB 2010) In die gleiche Kerbe schlägt der Vorsitzende des Bioökonomierats, Reinhard F. Hüttl:

> »Forschung und Entwicklung im Bereich Bioökonomie verzahnen klassische akademische Bereiche, wie die Agrar- und Ernährungsforschung, mit neuen Forschungsfeldern wie etwa der weißen, der grünen oder der roten Biotechnologie. Diese Brückenbildung ist prägend für den systemischen Charakter der Bioökonomie [...]. Eine wesentliche Voraussetzung für die Steigerung der Biomasseertragsmengen ist daher die Prüfung und Anwendung aller technischen Möglichkeiten, die eine nachhaltige Biomasseproduktion sicherstellen.« (Bioökonomierat 2010, S. 3)

Und er fügt hinzu: »Eine wichtige Prämisse für die Forschung im Bereich Bioökonomie ist eine grundsätzliche Technologieoffenheit. Wissenschaft, Wirtschaft, Politik und Gesellschaft tragen dafür gemeinsam Verantwortung.« (Ebd.) – Eine trotz der verschleierten Formulierung klare Forderung vor allem an die Politik, gesellschaftliche Widerstände gegen bestimmte Technologien abzubauen und entsprechende Rahmenbedingungen für ihre Durchsetzung zu schaffen.

Die Bundesregierung

Es ist erstaunlich, wie schnell, umfassend und kritiklos die deutsche Bundesregierung den Empfehlungen und Forderungen des Bioökonomierats gefolgt ist. Sie hat nicht nur in ihrer *Nationalen Forschungsstrategie BioÖkonomie 2030* den Wortlaut des Gutachtens weitgehend übernommen und die Bioökonomie in der Koalitionsvereinbarung verankert, sondern auch sofort ihre Bereitschaft bekundet, dazu beizutragen, »Innovationshemmnisse zu beseitigen« (BMBF 2010b, S. 3), womit etwa »rechtliche Unsicherheiten« gemeint sind, die die wirtschaftliche Anwendung von neuen Forschungsergebnissen behindern« (Bioökonomierat 2011, S. 10).

Zu diesen »Hemmnissen« und »Unsicherheiten« gehören zum Beispiel die Pläne Bayerns, sich zur gentechnikfreien Zone zu erklären, sowie die Bestrebungen in der EU, jedes Land und jede Region selbst über die Zulassung von gentechnisch veränderten Pflanzen bestimmen zu lassen, was prompt die damalige Bundesforschungsministerin auf den Plan rief:

> »Schavan kritisierte Pläne des Freistaats Bayern, Grüne Gentechnik ganz zu verbannen: ›Wenn wir nicht wollen, dass unsere Forscher woanders hingehen, müssen wir ihnen in Deutschland und Europa ein verlässliches Umfeld bieten‹, sagte Schavan. Sie finde deshalb auch den Vorschlag der EU-Kommission bedenklich, wonach die Entscheidung über den Anbau gentechnisch veränderter Organismen auf die Mitgliedstaaten und Regionen übertragen werden soll.« (Schwägerl 2010)

Die Bundesforschungsministerin forderte also – zumindest indirekt – entgegen dem mehrheitlichen Bürgerwillen zugunsten der Gentechikunternehmen die Aufhebung der Selbstbestimmung der Länder durch gentechnikfreundliche EU-Gesetze und die umfassende Förderung der Gentechnik. Offenbar muss im Zweifelsfall die Ökologie der Ökonomie weichen, was auch die Behauptung der Bundesforschungsministerin vom März 2011 nahelegt, die aktuelle Forschung liefere »keine Belege für ökologische Schäden« (BMBF 2011a) durch gentechnisch veränderte Pflanzen. – Eine kühne Behauptung, die eine erdrückende Fülle gegenteiliger Belege und Erfahrungen von renommierten Wissenschaftlern und fachkundigen Landwirten (vgl. Gottwald 2011, S. 47f.) vom Tisch wischt und sich zugleich über das wohlbegründete, vom Gedanken der Vorsorge getragene gentechnikkritische Urteil des Bundesverfassungsgerichts vom 24. November 2010 hinwegsetzt, in dem es heißt:

»Mit der Möglichkeit, gezielt Veränderungen des Erbgutes vorzunehmen, greift die Gentechnik in die elementaren Strukturen des Lebens ein. Die Folgen solcher Eingriffe lassen sich, wenn überhaupt, nur schwer wieder rückgängig machen. Die Ausbreitung einmal in die Umwelt ausgebrachten gentechnisch veränderten Materials ist nur schwer oder auch gar nicht begrenzbar. Angesichts eines noch nicht endgültig geklärten Erkenntnisstandes der Wissenschaft bei der Beurteilung der langfristigen Folgen eines Einsatzes von Gentechnik trifft den Gesetzgeber eine besondere Sorgfaltspflicht. Er muss bei der Rechtssetzung nicht nur die von der Nutzung der Gentechnik einerseits und deren Regulierung andererseits betroffenen, grundrechtlich geschützten Interessen in Ausgleich bringen, sondern hat gleichermaßen den in Art. 20a GG enthaltenen Auftrag zu beachten, auch in Verantwortung für die künftigen Generationen die natürlichen Lebensgrundlagen zu schützen.« (Bundesverfassungsgericht 2010)

Das wäre eigentlich auch der Auftrag der Politik, der von der Großen Koalition übrigens genauso wenig erfüllt wurde wie von der schwarz-gelben. Das Unbehagen wächst, wenn man sich ansieht, von wem die vom BMBF geförderte »Sicherheitsforschung« zu gentechnisch veränderten Pflanzen maßgeblich betrieben wird (vgl. BMBF 2011a; Biosicherheit.de 2011): etwa vom bekennenden Gentechnikbefürworter Joachim Schiemann, Leiter des Instituts für die Sicherheit biotechnologischer Verfahren bei Pflanzen am Julius Kühn-Institut (JKI), einer selbstständigen Bundesoberbehörde im Geschäftsbereich des Bundesministeriums für Ernährung, Landwirtschaft und Verbraucherschutz (BMELV). Wegen seiner vielfältigen Verflechtungen mit der Biotech-Industrie und eigener Versuche mit gentechnisch veränderten Pflanzen wurde Joachim Schiemann mehrfach kritisiert. Unter anderem sitzt er gemeinsam mit Dieter Berg, ehemals bei der Bayer CropScience AG tätig, Carl Bulich vom Bundesverband Deutscher Pflanzenzüchter e.V., Terry Clark von Syngenta, Friedrich Dechet vom Industrieverband Agrar e.V., Gerhard Görlitz von der Bayer CropScience AG und Henk van Liempt, dem Referatsleiter Bioökonomie beim BMBF, im Kuratorium des Fraunhofer-Instituts für Molekularbiologie und Angewandte Ökologie, das nach eigener Aussage »die Organe der Fraunhofer-Gesellschaft sowie die Institutsleitung« berät und »die Kontakte des Instituts zu Organisationen und Industrie« fördert (Fraunhofer-Institut 2013). Zu den zentralen Gewährsleuten des BMBF gehört auch Inge Broer, Professorin für Agrobiotechnologie an der Universtät Rostock. Sie führte 2005 Jochen Schiemanns Versuche weiter (vgl. Gen-ethisches Netzwerk 2008a) und ist seither mit der Durchführung von Freilandversuchen mit gentechnisch veränderten Pflanzen im AgroBioTechnikum betraut (vgl. Gen-ethisches Netzwerk 2008b), das mit Unterstützung des Landes Mecklenburg-Vorpommern, der EU und des BMBF errichtet wurde und seit 2005 als »Kompetenz- und Gründerzentrum der Ansiedlung innovativer Unternehmen mit dem Schwerpunkt im Bereich der Grünen Biotechnologie« dient (Landesgesellschaft Mecklenburg-Vorpommern mbH 2013). Initiiert wurde es von FIANAB, mitbegründet von Joachim Schiemann (vgl. Gen-ethisches Netzwerk 2008c; 2008d).

Wie fragwürdig auch immer, der Dank der Vertreter der Gentechnikindustrie war der Ministerin für ihren vehementen Einsatz sicher. Im Mai 2011 lobte Stefan Marcinowski, Mitglied des Bioökonomierats, damals noch Vorstandsmitglied der BASF und dort für die Bereiche Crop Protection, Coatings und Plant Science verantwortlich, in seiner Funktion als Vorsitzender der Deutschen Industrievereinigung Biotechnologie (DIB) das Engagement der Bundesregierung – nicht jedoch, ohne auf einen weiteren Einsatz für eine EU-weite Zulassung gentechnisch veränderter Pflanzen zu drängen:

> »Wir begrüßen die Haltung der Bundesregierung und bitten sie, sich weiterhin in der EU dafür einzusetzen, dass die Pläne der Kommission zu nationalen Anbauzulassungen fallen gelassen werden. Gleichzeitig fordert die DIB die Bundesregierung eindringlich auf, sich gegen regionale Anbauverbote auszusprechen, die ausschließlich ideologisch und politisch motiviert sind.« (Marcinowski 2011, S. 8)

Dadurch aber wird die in den Dienst der Bioökonomie gestellte Politik nicht, wie von der OECD konzipiert, zum Steuermann ganzheitlicher Lösungen, sondern zum Erfüllungsgehilfen äußerst begrenzter Interessen.

Das zeigt sich auch an der Verteilung von Agrarsubventionen, die, wie etwa der BUND kritisiert, zu 80 Prozent als Direktzahlungen ohne Umwelt-, Verbraucher- oder Tierschutzauflagen an landwirtschaftliche Großbetriebe und sogar an Stromriesen wie die (in der acatech und im Bioökonomierat vertretene) RWE AG vergeben werden (BUND 2013). Bauern erhalten Subventionen nach Hektar (in Deutschland sind es 340 Euro pro Hektar), was dazu führt, dass die größten, nur 1,5 Prozent ausmachenden Agrarbetriebe in Deutschland ein Drittel der gesamten Direktzahlungen (rund 57 Milliarden Euro 2011) erhalten (vgl. MDR 2013). Gegen die immer wieder geforderte stärkere Unterstützung von Ökobauern hingegen regt sich mächtiger Widerstand, denn, so der BUND etwas verkürzend: »Die Chemieindustrie etwa will keinesfalls, dass mehr Bauern auf Ökolandbau umstellen, weil dann weniger Pestizide gekauft werden. Und die Großbetriebe, vertreten vom Deutschen Bauernverband, wollen ihre Privilegien nicht aufgeben.« (BUND 2013)

Wie auch der *Agrarpolitische Bericht der Bundesregierung 2011* belegt (BMELV 2011), ist das Ergebnis ein ungebremstes Bauernsterben mittlerer und kleiner Betriebe, zu denen viele Ökohöfe gehören. Zahl und Umfang der durch das Konzept Bioökonomie noch einmal zusätzlich geförderten Großbetriebe hingegen steigen ständig weiter. Im Gegensatz zu mittleren, kleinen und erst recht zu ökologischen Betrieben sind sie als subventionierte Billiglieferanten von »Biomasse« und als Großabnehmer etwa von Pflanzenschutzmitteln, Pharmaka, Düngemitteln, Saatgut und Futtermitteln die idealen Partner für die Biotechnologie-, Chemie-, Pharma-, Agrar-, Nahrungsmittel- und Energieindustrie, die wiederum in den entscheidenden Gremien, Ausschüssen und Instituten gut vertreten sind. Welcher Flurschaden dadurch angerichtet wird, bringt der *Kritische Agrarbericht 2013* in seinem Editorial auf den Punkt:

> »Das von Hermann Priebe bereits Mitte der 1980er-Jahre geprägte Schlagwort der ›subventionierten Unvernunft‹ hat seine Gültigkeit nicht verloren: Nach wie vor wird ein Großteil des Milliardenhaushalts der EU dafür verwendet, ein Agrarsystem aufrechtzuerhalten,
> - das Böden degradiert und damit die Grundlage aller Landwirtschaft gefährdet (statt sie zu kultivieren),
> - das die biologische Vielfalt auf Feld und Flur in dramatischem Ausmaß verringert (statt sie zu erhalten),
> - das die Tiere in den Ställen mit ihren vitalen Bedürfnissen missachtet (statt sie als Mitgeschöpfe zu achten),

- das eine bäuerliche und ökologisch ausgerichtete Landwirtschaft finanziell austrocknen lässt (statt sie ins Zentrum ihrer Förderung zu stellen) und
- das in neokolonialistischer Manier den Menschen in den armen Ländern des Südens Flächen wegnimmt und deren Märkte massiv stört (statt mit ihnen faire Handelsbeziehungen aufzubauen und ihnen das Recht auf Nahrung zu sichern).« (Agrarbündnis e.V. 2013)

Wohin diese widersinnigen Agrarsubventionen führen, zeigt auch die Tatsache, dass in Deutschland inzwischen solche Mengen an Milchprodukten und Fleisch hergestellt werden, dass der Überschuss in immer größerem Umfang exportiert wird. Mittlerweile ist Deutschland mit 29,7 Millionen Tonnen innerhalb der EU der größte und nach den USA, Indien, China und Russland weltweit der fünftgrößte Produzent von Milch und ein Nettoexporteur von Milchprodukten (BMELV 2011, S. 45). Zudem ist Deutschland der zweitgrößte Produzent von Rindfleisch und der größte Produzent von Schweinefleisch in Europa und rangiert weltweit nach China und den USA auf Platz drei (ebd., S. 46).

Ein Ende dieser absurden Entwicklung, die Luft, Böden und Wasser ganzer Landstriche auf lange Zeit verwüstet und verseucht, ist nicht abzusehen: So wurden zwischen 2009 und 2012 mehr als 2,5 Millionen Schweinemastplätze und gut 38 Millionen Geflügelmastplätze in gigantischen Tierfabriken genehmigt – eine Verdoppelung gegenüber den Vorjahren (vgl. Denkler 2013). Die Zustände in diesen Mastanlagen sind bekanntermaßen grauenhaft:

»Hühner, die im Millisekunden-Takt von Maschinen getötet werden. Küken, die geschreddert werden, weil sie männlich sind und sich darum ihre Mast nicht lohnt. Schweine, denen die Ringelschwänzchen abgeschnitten werden, weil sie sich die sonst unter dem Stress der Massentierhaltung gegenseitig abknabbern würden. Derartige Zustände sind in Deutschland Realität und eine Folge der Massentierhaltung.« (Ebd.)

Doch damit nicht genug: Die Bundesregierung unterstützt in Form von Exportkreditgarantien derzeit beispielsweise den Bau von zwei gigantischen Legebatterien für insgesamt acht Millionen Hennen in der Ukraine, wo weiterhin die in Deutschland verbotene, weil extrem tierquälerische Käfighaltung von Legehennen betrieben wird (vgl. Deutsches Tierschutzbüro 2012).

Das Bundeslandwirtschaftsministerium ficht das nicht an. Statt dieser tierschutzwidrigen und umweltschädlichen Entwicklung Einhalt zu gebieten, will es sie sogar noch forcieren. So heißt es etwa zur Schweinemast: »Für die langfristige Sicherung von Marktanteilen wird es u. a. darauf ankommen, die Kostennachteile der Schweineproduktion in Deutschland durch Ausschöpfung der Kostendegression und Verbesserung der Produktivität weiter abzubauen.« (BMELV 2011, S. 47) Und wieder wird für die Forcierung derartiger Missstände der Begriff »Nachhaltigkeit« missbraucht:

> »Die Bundesregierung sieht in der Agrarforschung ein großes Potenzial für die Landwirtschaft und deren nachhaltige Ausgestaltung. Sie wird deshalb ihre Unterstützung für die nationale und internationale Agrarforschung und den Wissens- und Technologietransfer ausbauen […]. Die Bundesregierung hat das Ziel, den technischen Fortschritt in der Landwirtschaft zu fördern« (ebd., S. 15).

Die bioökonomische Forschung

Die Marschroute der bioökonomischen Forschungsförderung in Deutschland entspricht der technologielastigen, ökonomisch statt ökologisch orientierten Grundhaltung des Bioökonomierats, die keinen Platz lässt für wirklich nachhaltige, ökologische Alternativen. Denn, so das BMBF:

> »Die ›Nationale Forschungsstrategie BioÖkonomie 2030‹ ist Bestandteil der Hightech-Strategie und liefert für diese […] wichtige Impulse. […] [D]ie Vision einer nachhaltigen biobasierten Wirtschaft bis zum Jahr 2030 […] lebt von der Entwicklung einer freien, dynamischen und innovativen Wissensgesellschaft, die die Ergebnisse aus den Lebens- und Technikwissenschaften mit Aufgeschlossenheit und Neugier aufnimmt sowie den (bio)technischen Fortschritt und die Globalisierung als Chancen versteht. […] Die Biotechnologie ist dabei ein wichtiger Impulsgeber.« (BMBF 2010b, S. 2)

Was das im Detail heißt, erläuterte Rudolf Straub, beim Projektträger Jülich des BMBF für die Umsetzung der Fördermaßnahmen der Grünen Biotechnologie zuständig, in einem während der Biotechnologietage in Berlin im April 2010 gehaltenen Vortrag (Straub 2010): Im Mittelpunkt stehen Industrielle Biotechnologie, Pflanzenbiotechnologie und Bioenergie als »zentrale Träger der Bioökonomie«, die vor allem durch die von der Bundesregierung als »Beitrag zur Bioökonomie« nachdrücklich geförderten Pflanzengenomforschungsprojekte GABI-Future (Genomanalyse im biologischen System Pflanze) und PLANT-KBBE (Transnational Plant Alliance for Novel Technologies towards implementing the Knowledge-Based Bio-Economy in Europe), das Projekt zur funktionellen Genomforschung an Nutztieren FUGATO (Funktionelle GenomAnalyse im Tierischen Organismus) sowie das Industrie und Forschung vereinende Cluster Industrielle Biotechnologie (CLIB 2021) vorangebracht werden sollen.

An den zahllosen, mit immer neuen Fantasienamen versehenen Forschungsprojekten unter dem Dach von GABI oder PLANT-KBBE sind neben Forschern vom Helmholtz Zentrum München (GFS), vom Leibniz-Institut für Pflanzengenetik und Kulturpflanzenforschung (IPK), das seit 2011 zusammen mit der Universität Halle-Wittenberg den Wissenschaftscampus »Pflanzenbasierte Bioökonomie« in Halle betreibt, von der Max-Planck-Gesellschaft (MPG), vom Forschungszentrum Jülich, von der RWTH Aachen, der Universität Bonn oder vom Johann Heinrich von Thünen-Institut – alle in der acatech, im Bioökonomierat und in zahlreichen anderen Gremien und Projekten vertreten – auch Firmen wie KWS, Bayer und BASF beteiligt (vgl. Pflanzenforschung.de 2013a). Mit FUGATO wurde ein weiterer Baustein eines gigantischen Gentechniknetzwerks geschaffen. Es »vervollständigt das nationale Genomforschungsnetzwerk, das sich bislang aus den Schwerpunkten Mensch (DHGP/NGFN), Pflanze (GABI), Mikroorganismen (GenoMik) und Ernährung (NeMo-Ernährung) zusammensetzt« (Industrieverbund FUGATO e.V. 2004, S. 2), die »miteinander im wissenschaftlichen Austausch« stehen, »aber auch mit externen Projekten, wie z.B. dem internationalen Humangenomprogramm ›HUGO‹ oder dem französischen Genomforschungsprojekt bei der Pflanze, ›Genoplante‹« kooperieren (ebd. S. 3). Vom BMELV und der Deutschen Forschungsgemeinschaft (DFG) assistiert, findet man bei FUGATO neben Instituten wie dem Helmholtz Zentrum München (GFS), dem Friedrich-Loeffler-Institut (FLI), dem Leibniz-Institut oder dem Genzentrum der LMU München diverse Zuchtfirmen und -verbände sowie die Pharmprojexx GmbH (früher Bayer Health

Care).[11] Das ebenfalls gentechniklastige Cluster für Industrielle Biotechnologie (CLIB) 2021 ist ein internationales Netzwerk, das von Einrichtungen wie dem Forschungszentrum Jülich, der Fraunhofer-Gesellschaft, der RWTH Aachen oder den Universitäten Bonn und Düsseldorf gemeinsam mit Firmen wie Bayer, Evonik oder Lanxess betrieben wird (CLIP 2013).

Parallel dazu und vielfältig hiermit verknüpft wurde zur Beschleunigung des Technologietransfers im Oktober 2010 das erste europäische Forschungszentrum für die Bioökonomie im nordrhein-westfälischen Jülich gegründet, das bereits erwähnte Bioeconomy Science Center (BioSC). Dieser inzwischen über fünfzig Institute integrierende »Turbolader für die Bioökonomie« (ebd.) dient als zentrale Anlaufstelle sowie als Kontakt- und Förderforum. Die wissenschaftlichen Aktivitäten des BioSC reichen von der Untersuchung von Wertschöpfungsketten in der agrarischen Produktion von Pflanzen über deren bio- und chemokatalytische sowie biotechnologische Umsetzung bis zu den unterschiedlichen Produkten und schließen auch verfahrenstechnische Grundlagen und Prozesse mit ein. Eine enge Zusammenarbeit mit der Industrie wird dabei ausdrücklich angestrebt: »Wissenschaftler des BioSC koordinieren Netzwerke und Projekte der Verbundforschung mit der Industrie auf nationaler und internationaler Ebene in allen Forschungsbereichen.« (Forschungszentrum Jülich 2011)

Nun mag es auch im Interesse eines Landes legitim sein, wenn Unternehmen Kontakte zu Forschungseinrichtungen pflegen, um dadurch einerseits Nachwuchs für die eigene Forschung zu akquirieren und andererseits durch gezielte finanzielle Fördermaßnahmen dafür zu sorgen, dass Forschungsergebnisse schnel-

11 Vgl. zu den derzeit laufenden FUGATO-Projekten: {http://www.fugato-forschung.de/fugatoplus_projektvorstellung.html} (Stand: März 2013).

ler in der Praxis angewendet werden können und darauf basierende Produkte in kürzerer Zeit zur Marktreife gelangen. Wenn jedoch, wie im Falle des Bioökonomierats und der acatech, diese Unternehmen auch noch in Beratungsgremien sitzen, die über die Verteilung von öffentlichen Fördermitteln maßgeblich mitbestimmen, und dies dazu nutzen, ebenjene Forschung überproportional fördern zu lassen, von der sie selbst am meisten profitieren, widerspricht dies der im Grundgesetz geforderten Freiheit der Forschung als Wesensmerkmal der Demokratie.

Die vier Gründungsinstitute des BioSC – das Forschungszentrum Jülich, die RWTH Aachen sowie die Universitäten Bonn und Düsseldorf – sind alle auch im CLIB 2021 vertreten und führen vom BMBF geförderte Forschungsprojekte im Bereich der Biotechnologie durch (vgl. Biotechnologie.de 2013). So arbeitet Ulrich Schurr, einer der geschäftsführenden Direktoren des BioSC und Leiter des Instituts für Pflanzenwissenschaften im Forschungszentrum Jülich, mit seiner Phänotypisierung von Pflanzen am »Bottleneck der Genomforschung« (vgl. Pflanzenforschung.de 2013b) und wurde unter dem Dach von GABI zum Koordinator des mit 34,6 Millionen Euro vom BMBF geförderten Deutschen Pflanzen Phänotypisierungs-Netzwerks (DPPN) ernannt, dem deutschen Kern des europäischen Netzwerks zur Pflanzenphänotypisierung (European Plant Phenotyping Network) (vgl. Pflanzenforschung.de 2013a).

Bei der Recherche stößt man auf eine Fülle aufwendig geförderter Projekte, Foren und Initiativen rund um die Biotechnologie, die Agrarindustrie und die Nutzung von »Biomasse« zur Energiegewinnung. Nach Projekten hingegen, die alternative Anbaumethoden mit geschlossenen Stoffkreisläufen, die ohne den Einsatz von mineralischem Dünger, Pestiziden und Gentechnik auskommen, oder die energetische Selbstversorgung von Gemeinden mit Solarenergie, Wärmerückgewinnung und innovativen Windkraftanlagen ohne riesige Windkrafträder fördern, sucht man vergeblich, obwohl sie im Gegensatz zu den biotechnologischen Gigaprojekten des BMBF tatsächlich umweltfreundlich und nachhaltig wären. Kein Wunder, denn die trotz anderslautender Lippenbekenntnisse vom BioSC formulierten Fragestellungen weisen in eine ganz andere Richtung: »Wie kann ausreichend und nachhaltig pflanzliche Biomasse bereitgestellt werden? Wie lassen sich Wertstoffe kostengünstig und effizient etwa mithilfe von Mikroorganismen herstellen? Wie gliedert sich die Bioökonomie in die Wirtschaft ein, und welche gesellschaftlichen Entwicklungen sind dafür nötig?« (Forschungszentrum Jülich 2011) Solche Fragestellungen mögen den Weg zu einer kurz- bis mittelfristigen Verlängerung des vielerorts ins Schlingern geratenen Wirtschaftswachstums aufzeigen, bestehende und künftige Menschheitsprobleme lösen sie nicht, wie wir im folgenden Kapitel an zentralen Beispielen ausführen werden.

Wozu Bioökonomie? Nutzenversprechen und Realität

> »Angesichts knapper Ressourcen und einer wachsenden Weltbevölkerung benötigt die Menschheit neue, nachhaltige Arten des Wirtschaftens. Einen solchen Ansatz bietet eine wissensbasierte Bioökonomie, also eine moderne, nachhaltige und bio-basierte Wirtschaft, deren vielfältiges Angebot die Welt ausreichend und gesund ernährt und mit hochwertigen Produkten aus nachwachsenden Rohstoffen versorgt.«
>
> *Bundesministerium für Bildung und Forschung, Presseerklärung vom 17. Juli 2012*

> »An ihren Früchten sollt ihr sie erkennen.«
>
> *Matthäus 7,16*

Die gesellschaftlich-technologischen Heilsversprechen der Bioökonomie sind ebenso gewaltig wie vage, und die mit ihr verbundenen Ziele außerordentlich ehrgeizig. Geschaffen werden soll eine »am natürlichen Stoffkreislauf orientierte, nachhaltige biobasierte Wirtschaft« (BMBF 2010b, S. 3), die in der Lage ist, die ständig wachsende Weltbevölkerung gesund zu ernähren und ihr umweltverträgliche Produkte zu bieten. Damit solch eine paradiesische Wirtschaft entstehen kann, unterstützt die Bundesregierung jedoch nicht etwa Biobauern, Ökounternehmen und Umweltaktivisten, sondern sie lässt vielmehr vor allem für jene üppige Steuergelder sprudeln, die den Umweltschutz bisher eher als störend denn als Leitlinie ihres Handelns betrachtet haben, allen voran die Vertreter und Nutzer der Gentechnik und der Agrarindustrie. Gerechtfertigt wird dies mit der Behauptung, Gentechnik und Agrarindustrie seien am ehesten geeignet, hinreichend »Biomasse« für eine zukunftsträchtige Biologisierung der Industrie zu liefern. »Deutschland«, so die Begründung der Bundesregierung, »soll im internationalen Vergleich zu einem dynamischen Forschungs- und Innovationsstandort für bio-basierte Produkte, Energien, Verfahren und Dienstleistungen werden« (ebd.), und dafür benötige man eben künftig erheblich mehr »Biomasse« als bisher.

Doch nicht nur der eigene Wirtschaftsstandort soll durch die so aufgestellte Bioökonomie gesichert, die restliche Welt soll gleich mit gerettet werden: »Mit unserer Forschung wollen wir zugleich Verantwortung für die Welternährung sowie beim Klima-, Ressourcen- und Umweltschutz übernehmen.« (Ebd.) Was diesen Anspruch auf Verantwortung rechtfertigt und wer den Auftrag dazu mit welchen Zielen und unter welchen Bedingungen erteilt hat, wird nicht gesagt.

Im Folgenden wird anhand zentraler Nutzenversprechen der Bioökonomie[12] exemplarisch überprüft, wie realistisch die geweckten Erwartungen sind und ob sich die eingeleiteten Schritte überhaupt eignen, sie zu erfüllen. Dabei erschließen sich die tatsächlichen Absichten oft erst auf den zweiten und dritten Blick. Denn die jüngsten Publikationen des Bioökonomierates zu Ein-

12 Da die Komplexität des Themas den Rahmen dieses Buches sprengen würde, verzichten wir an dieser Stelle auf eine kritische Auseinandersetzung mit dem angeblich unumstrittenen Nutzen der Roten Biotechnologie, deren einzelne Verfahren eine differenzierte und sehr unterschiedliche Bewertung erfordern. Wir beschränken uns hier daher auf den im ersten Kapitel unter »Biotechnologie« gemachten Hinweis, dass wir es bedenklich finden, diesem gesamten Bereich pauschal Unbedenklichkeit zu attestieren, obwohl die jüngste Forschung immer wieder unzulässige Simplifizierungen bisheriger Grundannahmen über die Regulationsmechanismen des Erbguts und ihre Beherrschbarkeit belegt. Das könnte im Einzelfall gravierende Folgen für die Nutzer der auf Basis solcher verkürzter Grundannahmen entwickelten Medikamente und Therapien haben – Folgen, die sich aber eben wegen der Komplexität der Vorgänge nur mit großem Aufwand, wenn überhaupt, eindeutig auf diese Medikamente oder Therapien zurückführen lassen.

zelbereichen sind angesichts der hie und da laut gewordenen Kritik zunehmend facettenreicher geworden und wirken beim ersten Lesen reflektierter, da sie einige Kritikpunkte aufgreifen. Ob dies auch zu einem Kurswechsel in Richtung einer tatsächlichen und nicht nur einer behaupteten Nachhaltigkeit – dem vorgeblichen Hauptziel der Bioökonomie – geführt hat, werden wir nachfolgend herauszufinden versuchen.

Gesunde und ausreichende Nahrung für alle

»Der Sektor Lebensmittel, Ernährung und Gesundheit stellt aus gesellschaftlicher wie auch aus ökonomischer Sicht den bedeutendsten Bereich innerhalb der Bioökonomie dar« (Bioökonomierat 2012, S. 6), heißt es in einer in »Zusammenarbeit mit relevanten Akteuren aus Forschung und Wirtschaft« (ebd.) entstandenen Empfehlungsschrift des Bioökonomierats zum Thema. Das leuchtet ein, denn der Lebensmittelsektor ist mit all seinen vor- und nachgelagerten Bereichen nicht nur ein zentraler Wirtschaftsfaktor, er ist zudem auch krisenresistent und weist in Deutschland mittlerweile einen Exportanteil von 26,3 Prozent mit einem durchschnittlichen Wachstum von jährlich rund zehn Prozent auf (ebd., S. 7) – mit steigender Tendenz, da mit der Weltbevölkerung auch die Nachfrage nach Lebensmitteln zunehmen wird, Schätzungen des Bioökonomierats zufolge allein bis 2050 um 60 bis 70 Prozent.

Als eines »der drängendsten Probleme der zukünftigen Lebensmittelproduktion« betrachtet der Bioökonomierat die »Bereitstellung einer ausreichenden Menge an Biomasse« (ebd.), die sowohl der Wirtschaft die erforderliche Produktionsbasis und der Energieindustrie energiereiches Material liefert, als auch den mit der Bevölkerung stetig wachsenden Bedarf an Lebensmitteln befriedigt. Die Lösung des Bioökonomierats besteht, wie gesagt, vorrangig in einer Steigerung der Produktion durch Ausweitung der Nutzungsflächen und eine weitere Intensivierung der Landwirtschaft, auch unter Einsatz der Gentechnik. Aber der Rat macht inzwischen durchaus auch Vorschläge, die darüber hinausgehen.

Um die verknappungs- und damit preissteigernde Konkurrenz zwischen den einzelnen Verwertungsbereichen zu entschärfen, empfiehlt der Bioökonomierat einen sparsamen Umgang mit den vorhandenen Ressourcen durch Verwendung aller Abfall- und Reststoffe, etwa für die Energieerzeugung, sowie durch eine Senkung der extrem hohen Wegwerfrate bei Lebensmitteln. Letzteres könne »einen wesentlichen Beitrag zur Sicherung der Welternährung und zum nachhaltigen Umgang mit den Ressourcen Wasser, Boden, Energie, Arbeit und Kapital leisten« (ebd., S. 14). An anderer Stelle führt der Bioökonomierat aus:

> »In einem aktuellen Bericht hat die Welternährungsorganisation (FAO) der Vereinten Nationen berechnet, dass die Verbraucher in den reicheren Ländern dieser Welt 222 Millionen Tonnen Nahrungsmittel pro Jahr verschwenden. Das ist fast so viel Nahrung, wie in Afrika (südlich der Sahara) mit 230 Millionen Tonnen überhaupt produziert wird. Doch auch in Entwicklungsländern entstehen Verluste. Die FAO nimmt an, dass in Industrie- und Entwicklungsländern in etwa gleich viel Nahrung verloren geht, nämlich 670 bzw. 630 Millionen Tonnen. Zusammen stellen diese 1,3 Milliarden Tonnen etwa ein Drittel der Nahrungsmittel dar, die jedes Jahr weltweit für den menschlichen Verzehr produziert werden. Zu ähnlichen Ergebnissen kommt die Böll-Stiftung. In einem aktuellen Bericht werden die Nachernteverluste und die Verluste in der

Lieferkette auf 20 bis 50 Prozent der gesamten Nahrungsmittelproduktion geschätzt. In den Entwicklungsländern gehen Nahrungsmittel überwiegend vor der Ernte verloren oder verderben bei der Lagerung oder Verarbeitung. In Industrieländern werden viele Lebensmittel im Einzelhandel oder durch die Verbraucher schlichtweg weggeworfen.« (PLANT 2030 2011, S. 5)

Dass eine Vernichtung von Nahrungsmitteln in diesem Ausmaß allein schon mit Blick auf die Hungernden gestoppt werden muss, erscheint ebenso überzeugend wie die Nutzung von Abfall- und Reststoffen. Es verwundert nicht, dass diese bereits von vielen Seiten ausgesprochenen Empfehlungen nun auch vom Bioökonomierat aufgenommen werden, denn die Vernichtung von Nahrungsmitteln ist für Lieferanten und Handel ein beträchtlicher Kostenfaktor, der sich nur bedingt an die Verbraucher weitergeben lässt, und die Nutzung von Abfall- und Reststoffen, auf die später noch eingegangen wird, eröffnet weitere Geschäftsfelder. Damit ergeben diese Vorschläge auch ökonomisch Sinn.

Überraschender hingegen ist das Eingeständnis, dass der ständig steigende Fleischverzehr nicht nur für die malträtierten Tiere, sondern auch für die Umwelt und die menschliche Gesundheit verheerende Folgen hat. Im Gegensatz zu seinen früheren Publikationen verweist der Bioökonomierat in seiner 2012 veröffentlichten Schrift *Die Zukunft im Sektor Lebensmittel, Ernährung und Gesundheit* (Bioökonomierat 2012) darauf, dass »die Fleischproduktion […] ein Vielfaches an Biomasse und weiteren Ressourcen erfordert als dies für die Deckung des Kalorienbedarfs durch pflanzliche Lebensmittel notwendig wäre«. Außerdem räumt er ein, dass der dafür erforderliche »hohe […] Einsatz an Wasser und Energie neben den Emissionen nicht nachhaltig und umweltverträglich« ist (ebd., S. 12). Ferner stellt der Bioökonomierat eine Häufung von Befunden fest, die darauf hinweisen, »dass ein hoher Fleischkonsum ein eigenständiger gesundheitlicher Risikofaktor, z. B. für die Entwicklung von Diabetes, Herz-/ Kreislauferkrankungen sowie Tumorerkrankungen [...] darstellt« (ebd.). Allein in Deutschland wurden im Jahr 2006 von den verfügbaren rund 19 Millionen Hektar landwirtschaftlicher Nutzfläche elf Millionen für den Futtermittelanbau und nur sechs Millionen für den Anbau von Lebensmitteln genutzt (ebd., S. 9). Zwar wird daraus keine Empfehlung für einen Fleischverzicht abgeleitet, aber es werden immerhin Argumente für eine Einschränkung des Fleischkonsums geliefert.

Interessant ist auch, dass in der besagten Schrift endlich ein einheitlicher Katalog mit Nachhaltigkeitskriterien für die Lebensmittelproduktion gefordert wird, der ein standardisiertes Berechnungs- und Bewertungsverfahren auf der Grundlage vergleichbarer Daten ermöglicht (ebd., S. 14). Dennoch empfiehlt der Bioökonomierat nach wie vor die weitere Intensivierung der Landwirtschaft, auch unter Einsatz von Gentechnik. Das aber ist alles andere als nachhaltig und kann Hunger und Umweltzerstörung nicht verringern, sondern als Mitverursacher dieser Probleme nur noch weiter vergrößern (vgl. Gottwald 2011, S. 47-78; Mayer-Tasch 2011).[13]

Kritisch anzumerken ist ferner, dass zwei entscheidende, immer wieder geforderte Maßnahmen zur Hungerbekämpfung unerwähnt bleiben: *erstens* die Förderung kleinbäuerlicher, an ökologischen Kriterien ausgerichteter Strukturen, die nicht nur eine erschwingliche, sondern zudem eine gesunde und mitweltverträgliche Ernährung der Menschen nicht nur in den Entwicklungsländern ermöglichen (vgl. Gottwald/Boergen 2011a), Groß-

13 Siehe dazu auch den nächsten Abschnitt in diesem Kapitel.

konzernen allerdings beträchtlich geringere finanzielle Anreize bieten; und *zweitens* eine drastische Einschränkung des großflächigen, oft von Auslandsinvestoren betriebenen Anbaus von Futter- und Energiepflanzen gerade in den Entwicklungsländern, der den dortigen Anwohnern Böden und Wasser raubt und verseucht sowie Lebensmittel durch Verknappung verteuert. Es drängt sich der Verdacht auf, dass aus Rücksicht auf die hiervon profitierenden Firmen nicht auf diese Themen eingegangen wird – eine Rücksichtnahme, die übrigens grundsätzlich auch unter der rot-grünen Regierung betrieben wurde.[14]

Zwar räumt das BMBF in seiner *Nationalen Forschungsstrategie* ein: »In Entwicklungsländern sind auch neue Ansätze einer regional bzw. lokal angepassten Bewirtschaftung der Flächen von besonderer Relevanz, wie es insbesondere in der Forschung zum ökologischen Landbau verfolgt wird« (BMBF 2010b, S. 19), doch diese Äußerung wirkt wie ein Lippenbekenntnis, weil nicht ausgeführt wird, wie diese Ansätze unterstützt werden sollen. Vielmehr wird sofort auf »Forschungsansätze zur Optimierung von lebensnotwendigen Nährstoffen« abgehoben und die Lösung in der Biotechnologie gesucht:

> »Für die technischen Lösungen dieser Anforderungen ist eine Kombination verschiedener Ansätze der Züchtung, der Pflanzenbiotechnologie sowie weiterer Disziplinen notwendig. Hierzu zählen nicht nur Methoden wie Genomanalyse einschließlich epigenetischer Untersuchungen, Proteom- bzw. Metabolom-Forschung, Bioinformatik sowie deren systembiologische Integration, sondern auch die verantwortungsvolle Nutzung der Gentechnik.« (Ebd.)[15]

14 Diese Einschätzung teilen auch eher der linken Szene zuzuordnende Kritiker wie etwa Jörg Bergstedt (2011).

15 Vgl. dazu auch den Maßnahmenkatalog zur Hungerbekämpfung (ebd.,

Dass der Einsatz von Gentechnik in der Landwirtschaft verantwortungsvoll sein kann, wird von Kritikern bestritten (Then 2008; Mooney 2010).[16]

Das vorgebliche Ziel der Bioökonomie, eine Biologisierung der Industrie zu realisieren, ohne die weltweite Ernährungssituation zu belasten, ist jedenfalls durch eine Produktionssteigerung von »Biomasse«, die Nutzung biologischer Rest- und Abfallstoffe und die Senkung der Wegwerfquote von Lebensmitteln allein nicht zu erreichen. Denn was nützt es den Hungernden, wenn – wie auch jetzt schon – zwar weltweit ausreichend viele Nahrungsmittel zur Verfügung stehen, sie jedoch keinen Zugang zu ihnen haben, weil sie die ständig steigenden Preise nicht bezahlen können und auch keine Möglichkeit haben, selbst Nahrungsmittel anzubauen, da von ausländischen Investoren immer mehr Flächen für den Anbau von Tierfutter und weiterer »Biomasse« aufgekauft und dafür die verfügbaren Wasserressourcen beansprucht und verseucht werden (vgl. Rudolff 2012; Bommert 2012; Europäisches Parlament 2011)? Schließlich ist »die globale Versorgung aller Menschen mit ausreichender Nahrung [...] ein [...] Problem der Verteilung der Nahrung und kein Problem von zu wenig Nahrung« (Merk 2011, S. 115), wie die Tatsache zeigt, dass das Hungerproblem trotz aller Steigerungen der Ernteerträge seit Jahrzehnten »unverändert virulent« geblieben ist (ebd.). Lösungen bietet hier eher Rotary International mit seinen Infrastrukturprojekten und seinen Mikrokredit- und Bildungsprogrammen für Frauen, die mit der Senkung der Kindersterblichkeit zugleich das Bedürfnis der Frauen reduzieren, möglichst viele

S. 21), wo nur technologische, vor allem gentechnische Maßnahmen aufgeführt und die Worte »nachhaltig«, »ökologisch« und »sozial« nur als irreführender Zierrat eingestreut werden.

16 Vgl. dazu auch den folgenden Abschnitt in diesem Kapitel.

Kinder zu gebären – eine der vielen Ursachen für Hunger und Armut.

Das geringe Interesse an einer wirklichen Hungerbekämpfung zeigt sich auch daran, dass der Bioökonomierat das Thema nur zur Rechtfertigung der Forderung nach einer Intensivierung der Landwirtschaft streift, um dann gleich von der Grundversorgung mit Nahrung zu den »Spezialangeboten« überzuleiten – den lukrativeren, mit einem Zusatznutzen versehenen »Produktspektren, bei denen Convenience, Genusswert und gesundheitsförderliche Eigenschaften den Mehrwert darstellen« (Bioökonomierat 2012, S. 7): Es wird davon ausgegangen, dass parallel zum weltweiten Bevölkerungswachstum der Lebensstandard zahlreicher Menschen steigt, was wiederum den Bedarf an »hoch veredelten«, das heißt industriell besonders bearbeiteten und damit gewinnträchtigen Nahrungsmitteln erhöht, der selbstredend am besten durch eine hoch technisierte Nahrungsmittelindustrie befriedigt werden kann (ebd., S. 9). Vermutlich liegt in den sich dadurch eröffnenden Marktchancen ein Hauptgrund, warum die Bundesregierung ungefragt »Verantwortung für die Welternährung« übernehmen will.

Der Bioökonomierat räumt ein, dass die Erzeugung »hoch veredelter« Nahrungsmittel »einen höheren Input an Biomasse und anderen Ressourcen (u. a. Wasser, Energie)« erfordert, wobei sich gleichzeitig die »Konkurrenz um die Nutzung von Land, Wasser, Rohstoffen und Energie [...] zwischen den verschiedenen Formen der Lebensmittelproduktion, anderen Formen der Biomassenutzung und dritten Interessen verschärfen« wird, »insbesondere da die landwirtschaftlich nutzbaren Flächen u. a. durch Bodenerosion, nichtnachhaltige Landnutzung und Auswirkungen des Klimawandels vermutlich nicht gesteigert werden können oder gar abnehmen« (ebd.). Mit anderen Worten: Die durch die Bioökonomie verschärfte, nicht mehr allein auf »Teller gegen Tank« beschränkte Konkurrenz des Lebensmittelbereichs zu anderen Nutzungsbereichen natürlicher Ausgangsstoffe wird durch die ressourcenintensiven »hoch veredelten« Nahrungsmittel zusätzlich verstärkt. Das aber bewegt den Bioökonomierat nicht dazu, ein Zurückfahren der Produktion solcher Nahrungsmittel zu empfehlen, was den Interessen der Nahrungsmittelindustrie widersprechen würde. Ganz im Gegenteil: »Lebensmittel von morgen«, so der Bioökonomierat, »müssen dem Konsumenten in seinen Erwartungen und Gewohnheiten gerecht werden, ihm aber auch eine gesündere Lebensführung und Ernährung [...] ermöglichen« (ebd.). Gemeint sind damit »Convenience Food« und »Functional Food«.

Während man unter Convenience Food industriell vorgefertigte Speisen versteht, die zum Verzehr meist nur noch zusammengerührt und erhitzt werden müssen oder auch gleich so konsumiert werden können, gehören zum Functional Food alle industriell gefertigten Nahrungsmittel, die einen gesundheitlichen Zusatznutzen versprechen, weil sie mit Stoffen wie Vitaminen, Mineralien, ungesättigten Fettsäuren oder mit Bakterien angereichert wurden, was angeblich einen positiven Effekt auf die Gesundheit hat. Probiotischer Joghurt zählt ebenso dazu wie mit Vitaminen, Folsäure und Calcium versetzte Säfte oder mit Omega-3-Fettsäure angereicherte Brötchen.

Diese funktionellen Nahrungsmittel sind ein weiterer Ausdruck einer Technologiegläubigkeit, die meint, mit technologischen Mitteln selbst verschuldete Mängel beheben zu können, ohne dass unbequeme Veränderungen der eigenen Handlungsweisen erforderlich sind. Die Marktakzeptanz von Functional Food belegt jedenfalls die Bereitwilligkeit der Verbraucher, die Eigenverantwortung für eine gesunde Lebensführung der Bequemlichkeit zu opfern und sie an anonyme Instanzen zu delegieren. Die Vorstellung, Wohlstandserkrankungen einfach durch den Konsum noch raffinierterer Produkte in den Griff zu bekommen, ist verlockend für eine Gesellschaft, deren Mitglieder zur Hälfte übergewichtig sind und sich viel zu wenig bewegen.

Zwischen 2005 und 2011 ist der Markt für funktionelle Nahrungsmittel um ein Drittel gewachsen (vgl. Havemann/Mattusch 2011), obwohl der Wahrheitsgehalt der Versprechen, mit denen die meist hochpreisigen Produkte beworben werden, in vielen Fällen zweifelhaft ist.[17] Ernährungsforscher und Verbraucherschützer kritisieren, funktionelle Lebensmittel seien vor allem eins: eine Goldgrube für die Lebensmittelindustrie. Zudem verschwimme die Abgrenzung zwischen Nahrungsergänzungsmitteln und Medikamenten, was ohne ärztliche Kontrolle bedenkliche Folgen haben könne. »Functional Food ist eine Täuschung und keine Innovation«, meint etwa der einstige Greenpeace-Manager und jetzige Geschäftsführer von Foodwatch e. V., Thilo Bode. »Wenn ein solches Produkt tatsächlich eine Wirkung hat, wie Cholesterin senkende Margarine, handelt es sich um eine Art Medikament und nicht um ein Lebensmittel. Gesunde Menschen brauchen das nicht – wer aber krank ist, soll zum Arzt oder zum Apotheker gehen.« (Bode 2010)

Insgesamt bleibt festzuhalten, dass der Bioökonomierat und die Regierung zwar einige der von vielen Organisationen aufgestellten Forderungen zur Hungerbekämpfung halbherzig aufgreifen, jedoch kein wirkliches Interesse an ihr zeigen, wie auch der geringe Raum erkennen lässt, der dem Thema zugemessen

17 Bekanntes Beispiel sind die als »das Immunsystem anregend« beworbenen Trinkjoghurts, bei denen lediglich ein immens hoher Zuckergehalt, aber kein Zusatznutzen für die Gesundheit gegenüber anderen Joghurts nachgewiesen werden konnte.

wird. Zudem verschärfen, wie dargelegt, die von ihm empfohlenen agrartechnologischen Methoden die Probleme, statt sie zu lösen. Und auch das Versprechen, den Verbrauchern gesunde Lebensmittel zu liefern, ist angesichts der favorisierten Anbau- und Verarbeitungsmethoden, die zu Schadstoffrückständen führen, und der umstrittenen Zusatzstoffe in technologisch bearbeiteten Nahrungsmitteln fragwürdig. Die gesündeste Art der Ernährung besteht noch immer im Verzehr frischer, nicht industriell bearbeiteter Lebensmittel aus regionalem ökologischen Anbau, der vom Bioökonomierat gerade nicht favorisiert wird.

Nachhaltige Gestaltung der Agrarproduktion

Die Position der Vertreter der Bioökonomie gegenüber der Landwirtschaft ist eindeutig: Durch den mit der wachsenden Weltbevölkerung steigenden Flächenverbrauch, den Klimawandel und die Nutzung von »Biomasse« auch für energetische und industrielle Zwecke nimmt die weltweit zur Verfügung stehende Bodenfläche ab. Gleichzeitig wächst die Nachfrage nach »Biomasse«. Da die Bodenfläche endlich ist, wird die Lösung darin gesehen, »die Produktivität durch verbesserte Produktionstechnik und innovative Kombinationen unterschiedlicher Produktionsverfahren zu steigern« (Bioökonomierat 2010, S. 26) und »Arbeiten zur Verbesserung einzelner Aspekte des Produktionssystems (z. B. Pflanzenschutz, Pflanzenzüchtung, Futterbau, Futterkonservierung, Tierernährung) in angemessener Weise« mit Forschungen zu verknüpfen, »die der Verbesserung des gesamten Produktionssystems dienen« (ebd.), also in technischen, chemischen und biotechnologischen Lösungen zur Effizienzsteigerung. Genau dieser Weg hat aber bereits zu einer verheerenden Umweltzerstörung geführt und ist alles andere als nachhaltig, wie etwa Kurt-Peter Merk betont:

> »Die Umweltschäden, die diese ›grüne Revolution‹ an den ökologischen Systemen angerichtet hat, vom wachsenden Artenschwund über Verlust der Fruchtbarkeit weiter Landstriche, dem Versiegen der regionalen Wasserreserven bis zur Zerstörung der kleinbäuerlichen Sozialstrukturen, wurden, angesichts des hohen moralischen Rangs des zu lösenden oder mindestens zu lindernden Hungerproblems, relativiert und verharmlost. Auch die Frage, wem der Einsatz dieser Sorten und Pestizide wirtschaftlich genutzt hat, wurde von dem unumstrittenen politischen Ziel der Bekämpfung des Hungers verdeckt.« (Merk 2011, S. 115)

Auf paradoxe Weise deutlich wird der Widerspruch zwischen der Wirklichkeit und den Versprechen der Bioökonomie in der Broschüre *Nationale Forschungsstrategie BioÖkonomie 2030* des BMBF selbst: Unter der Überschrift »Agrarproduktion nachhaltig gestalten« und ergänzt durch die Versicherung, die »notwendige Steigerung der Agrarproduktion« müsse »mittels einer effizienten und ressourcenschonenden Bewirtschaftung erreicht werden, die mit der Bewältigung der Herausforderungen Klimawandel, Umwelt- und Klimaschutz, Rohstoffversorgung, Wasserverfügbarkeit und Schutz der Biodiversität in Einklang steht« (BMBF 2010b, S. 22), sieht man ein auf den ersten Blick beruhigendes Bild: Eine wiederkäuende Kuh liegt auf einer artenreichen Bergwiese vor einer Tanne und wirkt gesund und zufrieden. Nur die beiden groben Plastikmarken in ihren Ohren, die nach ihrer Schlachtung den Herkunftsnachweis ihres Fleisches ermöglichen, deuten das Elend dieser zu »Nutztieren« und von der Bioökonomie zur »Biomasse« herabgewürdigten Kreaturen in den wie Hochsicherheitstrakts von der Öffentlichkeit abgeschirmten

Tierfabriken an, wo sie bis zu ihrem meist qualvollen Transport und ihrer dank Akkordarbeit oft betäubungslosen Schlachtung in drückender Enge ohne Sonnenlicht und auf Spaltböden gehalten werden.[18]

Worum es dem BMBF wirklich zu gehen scheint, enthüllt sich in dem verräterischen Satz, welcher auf die Beschwörung einer schönen neuen nachhaltigen Agrartechnologiewelt folgt: um die Schaffung eines »agrarischen Produktionssystems – sowohl für die terrestrische als auch für aquatische Biomasseproduktion« (BMBF 2010b, S. 22). Mit kaum zu übertreffendem Zynismus beschreibt das BMBF Pflanzen wie Tiere als reine Produktionsfaktoren, die den Anforderungen eines gnadenlosen Systems nach Belieben angepasst und unterworfen werden – trotz der dabei ein- und freigesetzten Gifte und der jeder Beschreibung spottenden Qualen der Tiere selbstverständlich nachhaltig, verantwortungsvoll und tiergerecht.[19]

> »Bei der Produktion von pflanzlicher Biomasse sind neben verbesserten Anbaupraktiken auch optimierte Pflanzen für die Nachhaltigkeit von besonderer Bedeutung. Pflanzenschutz ist gleichwohl unverzichtbarer Bestandteil der Agrarproduktion und des Schutzes von Vorräten. [...] Weiteren Forschungsbedarf gibt es bei der Erzeugung von landwirtschaftlichen Nutztieren und in der Aquakultur.« (BMBF 2010b, S. 23f.)

18 Eine eindringlich, auf persönlichen Erlebnissen und umfangreichen Recherchen basierende Schilderung des Elends der Tiere in der Massentierhaltung und in Schlachthöfen bietet Jonathan Safran Foer (2010).

19 Die zynische Behauptung, die zur »Optimierung« der Tiere betriebene »Nutztier«-Forschung diene auch der besseren Gesundheit der Tiere und ihrem Wohlbefinden, widerlegt allein schon der Hinweis, dass sich diese Qualforschung erübrigt, wenn man die Tiere endlich artgerecht und nicht in viel zu engen Ställen eingepfercht hält und sie nicht durch industrielle Zuchtlinien und Hochleistungszüchtung vergewaltigt.

Es gibt eine Fülle von Literatur, die akribisch belegt, dass dieser agrartechnologische Weg umweltschädigend statt nachhaltig ist. Besonders beeindruckend tut das der Mitte April 2008 verabschiedete Weltagrarbericht *International Assessment of Agricultural Knowledge, Science and Technology for Development* (IAASTD), der von der Weltbank initiiert, von den Vereinten Nationen in Auftrag gegeben und von FAO, UNEP, UNDP, UNESCO und WHO unterstützt wurde. Hunderte von Wissenschaftlern und Regierungsvertretern haben vier Jahre lang an der Erstellung dieses Berichts gearbeitet, der schließlich von über 60 Staaten unterzeichnet wurde, wobei Deutschland seine Unterschrift verweigerte. Erstmals wird hier die seit Ende des Zweiten Weltkrieges vertretene Lehrmeinung, die Steigerung von Ertrag und Produktion durch immer neue Technologien sei der Schlüssel zur Bekämpfung von Hunger und Armut, von offizieller Seite widerlegt. Präzise und wissenschaftlich fundiert weist die Studie nach, dass die auf diesem Weg erzielten Produktionssteigerungen in der Landwirtschaft zu einem nicht mehr vertretbaren ökologischen Preis erreicht worden sind und mehr Schaden als Nutzen bringen, weil sie langfristig die Bodenfruchtbarkeit gefährden. Nicht die Agrarindustrie, sondern sich auf traditionelles Wissen stützende kleinbäuerliche Strukturen könnten die lokale Ernährungssicherheit am besten garantieren (vgl. IAASTD 2009; Haerlin 2009).

Auch Urs Niggli, Direktor des Schweizer Forschungsinstituts für biologischen Landbau in Frick, wendet sich in einem Streitgespräch mit dem damaligen Vorsitzenden des Bioökonomierats, Reinhard Hüttl, gegen die Behauptung, der von der Bioökonomie vertretene Weg sei alternativlos:

»Den Welthunger bekämpft man auf andere Weise ebenso erfolgreich. Wo Kleinbauern hungern, führt der Ökolandbau mit Leguminosen, Kompost, biologischem Pflanzenschutz und lokalem Saatgut zu gewaltigen Ertragssteigerungen. Warum sollen sie dann teures Saatgut von Syngenta oder Monsanto kaufen? [...] Gentechnik gilt als Innovation – Ökolandbau nicht. Mich erinnert das an die Medizin: Wir wissen, dass Vorsorge am wichtigsten wäre, aber die ist nicht sexy. [...] Der Ökolandbau definiert Produktivität nicht als nur Ertrag, sondern auch als Output an Ökosystemdienstleistungen. Das ist innovativ! Wir brauchen nicht nur das Essen für unser Überleben, sondern auch funktionierende Ökosysteme!« (Niggli 2010)

Dass wir zum Überleben funktionierende Ökosysteme brauchen, wird von den Vertretern der Bioökonomie zwar konzediert, aber die von ihnen praktizierten Maßnahmen sichern nicht, wie behauptet, das Überleben der natürlichen Mitwelt, sondern sorgen für ihre Zerstörung und gefährden weltweit die Gesundheit von Mensch und Tier. Beispiel Pestizide: »An Pestiziden vergiften sich jährlich mehrere Millionen Bauern und Landarbeiter – davon etwa 40.000 tödlich«, so eine Dokumentation der Erklärung von Bern in Kooperation mit dem Forum Umwelt und Entwicklung.

»Neben akuten Vergiftungen sind auch diverse Langzeitschäden bekannt. Viele Pestizide sind krebsfördernd, schädigen das Hormonsystem oder reichern sich im Fettgewebe an. [...] Schließlich sind die Auswirkungen [...] auf die Umwelt enorm. Das Bienensterben ist hierfür ein aktuelles Beispiel. Aber auch Vögel, Hasen oder Böden sind betroffen. Die weltweite Bodenerosion ist stark von Düngemitteln und Pestiziden mit verursacht: Bodenorganismen, die für den Humus sorgen, werden durch Chemikalien dezimiert.« (Erklärung von Bern/Forum Umwelt und Entwicklung 2012, S. 12)

Und weil Schädlinge und Pflanzen Resistenzen gegenüber Pestiziden entwickeln, werden immer neue Giftcocktails auf den Äckern ausgebracht.

Es gibt Alternativen, aber die »Konzerne vernachlässigen ökologische Methoden in der Forschung oder verdrängen sie gar vom Markt« (ebd.). Doch nicht nur das:

> »Mit dem Einstieg in die Saatgutindustrie begannen die Chemieriesen, das Saatgut von Pestiziden abhängig zu machen – ein Garant für fortlaufenden Absatz. Die zehn größten Hersteller kontrollieren 90 % des Marktes. Die Marktführer Syngenta, BAYER und BASF verbreiten jeweils mehr als 50 Wirkstoffe, die aufgrund internationaler Klassifizierung als hochgefährlich eingestuft werden.« (Ebd.)

Ähnlich katastrophale Auswirkungen hat der massenhafte Einsatz künstlicher Düngemittel, der inzwischen bereits zu gravierenden Schäden in den Ozeanen geführt hat. Rund um den Globus sind etwa 400 Küstenregionen wegen Überdüngung und dem daraus folgenden Sauerstoffmangel abgestorben (ebd., S. 11). Über diese gut bekannten Tatsachen schweigen sich BMBF und Bioökonomierat aus, vermutlich weil Vertreter der beteiligten Konzerne, wie oben gezeigt, in den regierungsberatenden Gremien einschließlich des Bioökonomierats sitzen.

Besonders absurd wird es, wenn die Gentechnik als Mittel zur »Verbesserung der Ertragsfähigkeit der wichtigsten Nutzpflanzen« (Bioökonomierat 2010, S. 29) und ausgerechnet von der chemischen Industrie zur Reduktion des Pestizideinsatzes empfohlen wird (vgl. VCI 2013, S. 4). Tatsächlich blieb der beschworene Erfolg jedoch bisher aus. Nur wenige genmanipulierte Pflanzen haben es bislang überhaupt bis zur Marktreife geschafft. Sie sind in der Lage, spezielle Stoffe zu produzieren oder verstärkt aufzunehmen und zu speichern, was sie unter anderem gegen bestimmte Herbizide und/oder bestimmte Insekten resistent macht. Von einer nennenswerten, dauerhaften Ertragssteigerung durch solche Erbgutmanipulationen kann allerdings keine Rede sein (vgl. Gurian-Sherman 2009). So platzten und knickten etwa die Stängel von gv-Sojapflanzen bei erhöhten Temperaturen häufiger als bei normalen Pflanzen – vermutlich weil das durch die Genmanipulation neu gebildete Enzym zur Resistenz gegen Glyphosat, welches wiederum durch Blockade der Aufnahme von Bodenmineralien zu unerwünschten Mangelerscheinungen führt, unbeabsichtigterweise auch auf den für die Stängelfestigkeit verantwortlichen Ligningehalt wirkt (Then 2008, S. 167ff.).

Ebenso wenig wurde durch Gentechnik mittel- und langfristig die Menge der eingesetzten Pestizide verringert. Vielmehr ist laut wissenschaftlichen Studien längerfristig sogar ein Anstieg des Pestizideinsatzes auf Feldern mit gv-Pflanzen zu verzeichnen. Grund hierfür ist insbesondere das plötzliche Auftreten herbizidresistenter Ackerkräuter, deren Entstehen auf den Einsatz der neuen Herbizide zurückzuführen ist und die dann von den Landwirten durch höhere Herbiziddosen sowie durch den Einsatz von Breitbandherbiziden bekämpft werden (vgl. Benbrook 2009; Lopez-Villar/Freese 2008). Gleichzeitig steigt durch die Zerstörung des ökologischen Gleichgewichts der Insektizidverbrauch, was der chemischen Industrie bekannt sein dürfte.

Ein Beispiel: Ausgelöst durch den großflächigen Anbau von gv-Mais, breitet sich in den USA seit dem Jahr 2000 die Raupe des Western Bean Cutworm aus, welche die Kolben von Maispflanzen befällt. Bisher war der Schädling kein Problem für die Landwirte, weil sein Bestand durch andere Insekten auf natürlichem Wege begrenzt wurde. Doch jetzt verursacht er laut einer von Greenpeace in Auftrag gegebenen Studie (Testbiotech 2010) massive Schäden in Regionen, in denen die gv-Maissorte

MON810 (Handelsname YieldGard) der Firma Monsanto angebaut wird. MON810 produziert ein Insektengift, das die natürlichen Konkurrenten des Western Bean Cutworm dezimiert und diesem so die Möglichkeit zur ungestörten Ausbreitung verschafft.

Dass Wunsch und Wirklichkeit gerade bei der Gentechnik drastisch auseinanderklaffen, kann nur die Vertreter eines mechanistischen Weltbildes verwundern, die davon ausgehen, dass sich die komplexen Wechselwirkungen in der Natur den simplifizierten Regeln ihrer linearen Logik unterwerfen lassen und darüber beherrschbar sind. Das ist aber nicht der Fall, was gravierende Risiken birgt, wie etwa Christoph Then ausführt:

> »Die Risiken neuer Lebensformen sind komplex – unabhängig davon, wie einfach die Bestandteile der neuen Lebensform selbst sind. Lebewesen stehen nicht nur mit der Umwelt in unendlich vielen Wechselwirkungen, auch das Innere der Lebewesen und die mögliche Kombination der Wirkungen der Gene lassen Spielraum für Effekte, die über additive Einzelwirkungen der Bausteine weit hinausgehen. [...] Es ist ein wesentliches Merkmal komplexer biologischer Systeme und ihrer Genregulation, dass sie sich ›nichtlinear‹ verhalten, das heißt, ihre zukünftigen Eigenschaften können auch dann nicht kausal aus ihren Bausteinen abgeleitet werden, wenn das ›Lebewesen‹ komplett künstlich geschaffen wurde [...]. Bei Versuchen an einfachen Hefen zeigte sich beispielsweise, dass durch den zusätzlichen Einbau einer DNA-Sequenz, die ebenfalls aus einer Hefe isoliert wurde und die Alkoholvergärung beschleunigen sollte, ein hochwirksames Gift entstand. Die Konzentration von Methylglyoxal war dreißigmal höher als die in der normalen Hefe. [...] Komplizierte Maschinen sind ›nur‹ fehleranfällig. Komplexe Systeme aber sind in letzter Konsequenz unkontrollierbar.« (Then 2008, S. 205 ff.)

Aus diesem Grund muss der mit der Bioökonomie erneut geträumte Traum von der Welt als restlos beherrsch- und steuerbarer Maschine immer wieder neu scheitern. »Sich gegenüber der Natur als Gott aufzuspielen, hat nie wirklich funktioniert«, meint auch Pat Mooney, Träger des Alternativen Nobelpreises, der als einer der führenden Experten für Bio-, Nano- und Gentechnik gilt. »Wenn die ganze Propaganda verklungen ist, werden sich Industrie und Politik eingestehen müssen, dass die Erzeugung von belebten oder unbelebten Materialien durch plumpes Herumschieben von Atomen und Molekülen eine bedenkliche Angelegenheit voller Gefahren für Mensch und Umwelt ist.« (Mooney 2010, S. 114) Möglicherweise gehen dabei die von der Bioökonomie geförderten Unternehmen als kurzfristige Profiteure dieses von Ignoranz geprägten Spiels mit dem Feuer hervor. Langfristig wird es jedoch nur Verlierer geben, denn das von der Agrarindustrie im Verein mit der Biotechnologie-, Chemie- und Pharmaindustrie aufgefahrene Vernichtungspotenzial ist inzwischen so gewaltig geworden, dass gute Chancen bestehen, unsere natürliche Mitwelt bis auf wenige, ständig weiter schrumpfende Nischen restlos zu vernichten, wie wir im folgenden Abschnitt zeigen.

Versöhnung von Ökonomie und Ökologie durch die Biologisierung von Energieerzeugung und Industrie

Die Endlichkeit der fossilen Rohstoffe und ihre durch Verknappung ständig steigenden Preise, die einseitige Fixierung auf das Klimagas CO_2, der Ausstieg aus der Atomkraft, die Umweltvergiftung durch synthetische Chemikalien und die immer bedrohlicher werdende Verseuchung der Ozeane nicht nur mit Chemiegiften, Schwermetallen und Kunstdünger, sondern auch mit Plastikmüll haben dazu geführt, dass Umweltschützer, Politik und Wirtschaft ihr Heil in biologischen Rohstoffen als Basis für biotechnische und chemische Verfahren suchen, mit denen sich neuartige Kraftstoffe, Arznei-, Nahrungs- und Futtermittel sowie Grundstoffe für die Produktion herstellen lassen. »In der industriellen Produktion werden Unternehmen zunehmend gezwungen sein, nachhaltige Prozesse und Produkte zu implementieren, um wettbewerbsfähig zu bleiben«, erklärt die Bundesregierung und schwärmt: »Die industrielle Biotechnologie bietet als eine Schlüsseltechnologie des 21. Jahrhunderts die Chance, durch ressourcenschonende, energiesparende und abfallvermeidende Produktionsprozesse und neuartige Produkte diese Herausforderung zu bewältigen.« (BMBF 2011b) Diese optimistische Sichtweise wird von einigen NGOs geteilt. So schätzt etwa der World Wide Fund For Nature (WWF), dass sich weltweit durch biotechnologische Produktionsverfahren jährlich bis zu 2,5 Milliarden Tonnen CO_2 einsparen lassen (BMBF 2010b, S. 10). »Die wissensbasierte Bioökonomie kann somit ökonomische Prosperität mit ökologischer Verträglichkeit verbinden« (ebd.), sieht sich das BMBF bestätigt.

Zu solch einer euphorischen Einschätzung kann nur kommen, wer weite Bereiche der Produktion ignoriert sowie die ökologischen und sozialen Folgeschäden ausklammert, die durch eine Ausweitung der agrarindustriellen Anbauflächen und die zusätzliche Ausbeutung der Meere entstehen (vgl. Bringezu 2011). Das gilt in besonderem Maße für die energetische Nutzung von Pflanzen, die nach dem Willen der Bundesregierung massiv ausgebaut werden soll. Und das, obwohl es schon seit Langem eindringliche Warnungen vor den hohen, nur durch Subventionen abgefederten Erzeugungskosten von Biokraftstoffen und ihrer negativen Ökobilanz gibt (vgl. Berger/Servatius 1994, S. 144 f.): Der Anbau energetisch genutzter Pflanzen verschlingt große Flächen und konkurriert mit dem Anbau etwa von Nahrungsmitteln, was Verknappung erzeugt und die Preise hochtreibt. Die Bestellung der Böden, die Aussaat, Düngung, Bewässerung, Ernte, Verarbeitung und der Transport verbrauchen ihrerseits große Mengen an Energie. Und die üblichen Monokulturen, für die zudem oft gentechnisch veränderte Pflanzen verwendet werden, sowie die eingesetzten Pestizide und Kunstdünger erzeugen dauerhafte Umweltprobleme sowie hohe Kosten und Folgekosten. Hinzu kommt wegen des zusätzlichen Flächenbedarfs die Vernichtung weiterer, ökologisch noch intakter Flächen, die in der Rodung von Regen- und Urwäldern und in der Trockenlegung von Sumpfgebieten ihren besonders drastischen Ausdruck findet.

Angesichts der bereits gesammelten negativen Erfahrungen mit ansteigenden Nahrungsmittelpreisen und einer auch in Deutschland beklagten »Vermaisung« der Landschaft, die zu einer Beschleunigung des Artensterbens und zu einer Vergiftung von Böden und Wasser führt, mehren sich die kritischen Stimmen. So heißt es in einer Studie der Nationalen Akademie der Wissenschaften Leopoldina:

> »Bioenergie wird häufig als CO_2-neutral eingestuft, da bei der Bildung von Biomasse durch Photosynthese prinzipiell genauso viel CO_2 assimiliert wie bei der Verbrennung freigesetzt wird. Dabei wird allerdings nicht berücksichtigt, dass der Kohlenstoff-Kreislauf eng verbunden ist mit den Nährstoff-Kreisläufen von Stickstoff, Phosphor, Schwefel, Metallen und Wasser, die neben Kohlenstoff alle auch Bestandteile von Biomasse […] und für deren Photosynthese nötig sind. Wann immer pflanzliche Biomasse erzeugt wird, werden diese Nährstoffe

gebraucht. Wann immer Biomasse wiederkehrend aus einem Ökosystem entfernt oder deren Bildung durch menschliche Eingriffe beschleunigt wird, müssen diese Nährstoffe durch Düngung nachgeliefert werden. Düngung führt allerdings zur Emission von Stickstoff-basierten Treibhausgasen (THG), die ein viel höheres Erwärmungspotenzial als CO_2 haben.

Die Annahme, Bioenergie sei CO_2-neutral, lässt zudem häufig außer Acht, dass die Biomasse in Wäldern Kohlenstoff enthält, der im Laufe von Jahrzehnten oder sogar Jahrhunderten assimiliert wurde. Dieser Kohlenstoff wird zum Teil freigesetzt, wenn mehr Holz geerntet und verbrannt wird als nachwächst.« (Nationale Akademie der Wissenschaften Leopoldina 2012, S. 3 f.)

Nach Abwägung diverser Faktoren kommen die unterschiedlichen Disziplinen angehörenden Wissenschaftler zu dem Schluss, »dass mit Ausnahme der Nutzung von biogenen Abfällen die Verwendung von Biomasse als Energiequelle in größerem Maßstab keine wirkliche Option für Länder wie Deutschland ist« (ebd., S. 5), zumal der in großem Maßstab erforderliche Import von Pflanzenmasse die Probleme lediglich exportiere, statt sie zu lösen, der Flächen- und Ressourcenverbrauch etwa der Solarenergie geringer und das große Potenzial der Energieeinsparungen und der Effizienzsteigerungen noch kaum genutzt werde:

»Um den Verbrauch von fossilen Brennstoffen und die Emissionen von Treibhausgasen zu reduzieren, sollte Deutschland nicht den weiteren Ausbau von Bioenergie anstreben. […] Vielmehr sollte sich Deutschland auf andere erneuerbare Energieressourcen konzentrieren wie Photovoltaik, Solarthermie und Windenergie, deren Flächeneffizienz höher und deren Treibhausgas-Emissionen und andere Umweltbeeinträchtigungen niedriger sind als die von Bioenergie. Die Einsparung von Energie und Verbesserungen der Energieeffizienz sollten Vorrang haben.« (Ebd., S. 13)

Vielschichtiger und weniger eindeutig als bei der ökonomisch wie ökologisch unsinnigen Verwendung von Pflanzen zur Energieerzeugung in großem Stil verhält es sich mit der Biologisierung des produzierenden Gewerbes, das nicht wie die Energieindustrie auf umweltverträglichere Alternativen zurückgreifen kann. So ist beispielsweise rückstandsfrei kompostierbarer Biokunststoff den heutigen Plastikprodukten vorzuziehen, die noch nach Jahren und Jahrzehnten Wald, Feld und Ozeane vermüllen und vor allem für Meeresbewohner eine tödliche Bedrohung darstellen. Anders sieht es natürlich aus, wenn die Ausgangsstoffe von genmanipulierten Pflanzen stammen, was derzeit häufiger der Fall ist und die Biokunststoffe zum Einfallstor für die Grüne Gentechnologie macht.

Auch hier bestimmen also das Saatgut, die Anbaumethoden, der Flächenverbrauch und die Flächenkonkurrenz zur Nahrungsmittelproduktion über die Nachhaltigkeit der neuen Produkte, die zusätzlich an ihrer Abbau- oder Recyclingfähigkeit zu messen sind. Doch in den einschlägigen Publikationen zur Bioökonomie sind außer pauschalen Beschwichtigungen keine reflektierten Lösungsansätze hierfür zu finden.

Selbst die als scheinbar unproblematisch empfohlene Nutzung von biologischen Rest- und Abfallstoffen ist nicht unbedenklich, denn was man in großen Mengen für den einen Bereich abzieht, fehlt anderswo, etwa zur Düngung der ausgelaugten Böden. Und auch die Aberntung angeblichen »Ödlands« verbietet sich, wie Pat Mooney ausführt:

»Menschen und Umwelt können heute weder Flächen noch Biomasse erübrigen. Diese sogenannten marginalen Ökosysteme sind Jagd- und Sammelgebiete, Weiden und Medizinschränke der örtlichen Bevölkerung; meist werden sie im Einklang mit Gaia bewirtschaftet. Die multinationalen Biomassekonzerne können dieses Land und sein Wasser nur stehlen und die Auswirkungen des Klimawandels damit verschlimmern.« (Mooney 2010, S. 116)

Die Nutzung biologischer Rohstoffe kann also nicht grenzenlos und unbedenklich erfolgen, denn sie neutralisiert keineswegs die von der Bioökonomie angestrebte Wachstumsstrategie. Ein nachhaltiges Wachstum der Wirtschaft benötigt eine Entkopplung des Ressourcenverbrauchs vom Wirtschaftswachstum und gestattet keinen ständig steigenden Landverbrauch mit weiterer Artenvernichtung und erst recht keinen Export der eigenen Probleme in die Entwicklungsländer (etwa im Zuge von »Landgrabbing«) und den massenhaften Abzug von Rohstoffen aus diesen Ländern. Doch genau das fördert die Strategie von Bioökonomierat und Bundesregierung trotz aller anderslautenden Beteuerungen. Konkrete Vorschläge für eine tatsächliche Nachhaltigkeit, etwa eine Verlängerung der Produktlebenszyklen durch hochwertige Qualität und anspruchsvolles Design und eine Kultur der lebenslangen Produktnutzung etwa im Möbel- oder Bekleidungssektor, sucht man hingegen vergeblich.

Der Irrweg der Bioökonomie: Denkfehler im System

Sicher, die Diskrepanz zwischen Nutzenversprechen und Realität der Bioökonomie ist augenfällig und sie verdankt sich einer Mischung aus kurzfristigem Profitinteresse, der Externalisierung der Folgekosten zulasten der natürlichen Mitwelt und einer anonymen Allgemeinheit, einer maßlosen Selbstüberschätzung sowie einem Mangel an globalem, gesamtgeschöpflichem Verantwortungsbewusstsein. Aber sie ist nicht etwa Ausdruck bewusster Bosheit und/oder der Freude an der qualvollen Vernichtung von Leben. Vielmehr ist sie auf systemische Blindstellen zurückzuführen, die ein Denken in langfristigen, vernetzten Rückkopplungsschleifen, das Erkennen der eigenen Verbundenheit mit der natürlichen Mitwelt und die Wahrnehmung der vielfältigen, oft zeitlich und örtlich versetzten Folgewirkungen des eigenen zerstörerischen Tuns verhindern.

Grund hierfür ist ein Denken, das in der Renaissance mit dem Bau der ersten Maschinenmenschen begann. In der Aufklärung verfestigte es sich mit der Überhöhung des über alles Sein triumphierenden Verstandes. Im Industriezeitalter schließlich wurde dieses mechanistische Welt- und Menschenbild[20] global zementiert. Es basiert auf der Zergliederung und der isolierenden Zerstückelung von Realität in einfache, klar überschaubare Strukturen und Muster und entspricht dem komplexitätsreduzierenden Zu- und Einordnungsbedürfnis des nur über begrenzte intellektuelle Kapazitäten verfügenden menschlichen Gehirns. Dieses vermag maximal zwei bis drei Rückkopplungsschleifen zu überschauen, während natürliche Prozesse aus einer Vielzahl solcher Rückkopplungen bestehen. Aus der verständlichen Begeisterung darüber, durch Reduktion der unüberschaubaren und für den menschlichen Verstand unbegreiflichen Komplexität der Realität ein in sich schlüssiges Erklärungsmodell geschaffen zu haben, wurde dem im Sinne westlicher Wissenschaft »wissenden« Menschen spätestens mit der Aufklärung und dem Industriezeitalter die Rolle als Herr und Meister der Schöpfung zugeschrieben. Eine Bestätigung hierfür schien der Bau mächtiger Maschinen zu

20 Vgl. zum mechanistischen Menschenbild z. B. Sheldrake 2012, Meyer-Abich 1988 und 1997.

liefern, die es dem Menschen wie keinem anderen Lebewesen ermöglichten, mit minimalem Kraftaufwand maximale Wirkungen zu erzeugen.

Bis heute wird Realität als Zusammenspiel maschinenähnlicher Gebilde begriffen, die den Gesetzen linearer Logik in Form von Wenn-dann-Kausalketten und schlichter Addition gehorchen und daher mess-, berechen- und beherrschbar sind. Den Einzelteilen dieser Gebilde werden klar definierte und abgegrenzte Funktionen zugeschrieben, was zu der Annahme führt, sie könnten im Falle unbeabsichtigter Zerstörung beliebig repariert oder ausgetauscht werden und das Gesamt der maschinenartigen Gebilde ließe sich durch technologische Vorgaben, Eingriffe und Optimierungen zweckdienlich beherrschen und über die geeigneten »Stellschrauben« steuern. Das wiederum hat einen fragmentierenden, linearlogischen Zugang zur Realität zur Folge.

Entsprechend orientieren sich die weltweit vorherrschende westliche Wirtschaft und Wissenschaft vorrangig an dem, was in konkreten Zahlen und Daten erfasst, überprüft und gemessen werden kann. Faktoren, die sich nicht so leicht erfassen und messen lassen, werden hingegen ausgeklammert – etwa die oft zeitlich und örtlich versetzt eintretenden Folgen der Ausrottung von Arten in Form einer immer stärkeren Störung natürlicher Ausgleichs- und Steuerungsprozesse, die schließlich zum Zusammenbruch ganzer Ökosysteme mit entsprechenden Auswirkungen auf Klima, Boden, Wasser und Luft führen. Doch genau solche vielschichtigen Wirkungszusammenhänge sind in der Natur die Regel, nicht die Ausnahme. Denn wie oben an mehreren Beispielen ausgeführt, folgt die Natur nicht linearlogischen Gesetzen, sondern komplexen, durch zahlreiche Rückkopplungsschleifen bestimmten Dynamiken, die sich oft sprungartig und in anderer, unerwarteter Form äußern, wie etwa Frederic Vester anschaulich beschrieben hat.[21]

Wegen der vielfältigen Verflochtenheit natürlicher Zusammenhänge ist der Mensch aus eigenem Überlebensinteresse gut beraten, allen anderen Lebewesen mit Respekt zu begegnen und sie vor der menschlichen Vernichtungs- und Experimentierwut zu schützen. Aus dieser Überlegung heraus hat der Biologe und Theologe Günter Altner in Anlehnung an den Zusammenschluss österreichischer Naturwissenschaftler für den Umweltschutz und an Albert Schweitzers Verständnis der Mitgeschöpflichkeit Handlungsgrundsätze einer allgemeinen Ehrfurcht vor dem Leben entwickelt und ihre Umsetzung mit der Begründung gefordert: »Jede Form von Leben ist einzigartig und muss unabhängig von ihrem augenblicklichen Nutzwert für den Menschen geachtet und im Sinne einer elementaren Kulturleistung vor gedankenloser Ausrottung bewahrt werden.« (Altner 1993, S. 143) Das bedeutet, dass die menschlichen Begehrlichkeiten ihre Grenze im Dasein und Sosein anderer Lebewesen und ihrer vielfältigen Vernetzung finden müssen. Die Tatsache, dass heute auf der Erde der Artentod galoppiert und die Wälder, Felder und Meere absterben, lässt erkennen, wie weit unser Bewusstsein von der eine Grundverpflichtung zur selbstbeschränkenden Vorsorge begründenden Erkenntnis gesamtgeschöpflicher Zusammenhänge und Abängigkeiten entfernt ist.

Die trotz aller gegenteiligen Lippenbekenntnisse gerade auch für die Bioökonomie typische Ausklammerung komplexer dynamischer Prozesse aus Analyse- und Entscheidungsprozessen und entsprechend aus den menschlichen Handlungen führt zu einer höchst begrenzten, unvollständigen Wahrnehmung der Natur

21 Eine gut lesbare Einführung in diese Thematik bietet Vester 1988.

und bewirkt, dass sich der Mensch als abgetrennt von der restlichen Schöpfung betrachtet. Sie verkennt, dass jeder ihrer Teile und in ganz besonderem Maße jedes Lebewesen einschließlich des Menschen in engen, ständig aktiven und höchst wirkungsvollen Verbindungen mit all den anderen Teilen stehen und von ihnen vielschichtig beeinflusst werden. Diese Verkennung der Zusammenhänge in Kombination mit den technologischen Eingriffsmöglichkeiten des sich totalitär über die Schöpfung setzenden Menschen bewirkt ein permanentes Handeln gegen die (statt mit der) Natur und hat bereits zu einer gigantischen Naturzerstörung geführt.

»Die Menschheit hat die Natur viel stärker und dauerhafter beeinflusst, als wir das wahrhaben wollen«, stellt etwa der Paläontologe und Geobiologe Reinhold Leinfelder fest.

> »Nur noch 23 Prozent des eisfreien Festlandes können als echte Wildgebiete bezeichnet werden. Die Meere werden immer leerer. Der Mensch ändert durch Verbrennung fossiler Treibstoffe die Atmosphäre, durch Überdüngung die Stoffkreisläufe von Stickstoff und Phosphor, durch Landnutzung die Artenvielfalt. Er reguliert fast alle Flusssysteme, er gräbt den Untergrund um und verfrachtet um Größenordnungen mehr Sediment, als es natürlichen Prozessen entspricht. Der Mensch ist also spätestens seit der industriellen Revolution zu einem geologischen Faktor geworden.« (Leinfelder 2011)

Das, so Leinfelder, erfordert ein intensives Nachdenken darüber, »wie wir Natur, Technik und Kultur ganzheitlich miteinander verbinden müssen, welche Verantwortung wir als Teil des Erdsystems zu übernehmen haben und wie die Aufgabe des nachhaltigen Wirtschaftens doch bewältigt werden kann« (ebd.).

Solch ein Nachdenken ist wegen der verkürzten und verkürzenden Rationalität der westlichen Wissenschaft bisher allenfalls halbherzig erfolgt. Daran ändert auch die grundsätzliche Einsicht moderner Forscher wenig, dass das Erfassen komplexer Systeme nur mit einem systemischen Denkansatz möglich ist (vgl. Bateson 1981; 1982), denn aus dieser Einsicht werden kaum die entsprechenden Konsequenzen gezogen. In systemischen Zusammenhängen zu denken ist anstrengend und unbequem und widerspricht der linearen, auf kurzfristige Ursache-Wirkungs-Zusammenhänge fixierten westlichen Logik und Wahrnehmung. Daher achten verhältnismäßig wenige Menschen in unserem Kulturkreis auf die Warnzeichen der Natur, die mit wachsender Deutlichkeit sichtbar machen, wie sehr das natürliche Zusammenspiel bereits gestört ist. Ein Beispiel hierfür liefern die wachsenden Probleme der Obstbauern mit der Bestäubung ihrer Bäume und Sträucher wegen des vermutlich durch die Agrarindustrie und den rücksichtslosen Einsatz von Chemikalien durch Großimker verursachten Bienensterbens. Obwohl die menschengemachten Ursachen seit Langem bekannt sind und das Bienensterben unser aller Überleben gefährdet, wird nur zögerlich und partiell gehandelt, weil nach wie vor davon ausgegangen wird, dass der Mensch als »Krone der Schöpfung« sich dieser ungestraft und schadlos bedienen könne und mit seiner überlegenen Verstandeskraft imstande sei, eventuelle Probleme zu seinen Gunsten zu lösen.

Zugegeben: Die Auffassung von der Natur und ihren Lebewesen als Selbstbedienungsladen und Dienstleister des Menschen und ihre Verwandlung in Ware ist keine Erfindung der Bioökonomie und sie entspricht auch keiner Minderheitsmeinung. Neu sind allerdings das Ausmaß und die Radikalität der von der Bioökonomie angestrebten Naturverwertung. Sie beinhaltet nicht nur die restlose Inbesitznahme allen Lebens, sondern mit der Gentechnik und der Synthetischen Biologie auch seine beliebige, einem skrupellosen Nutzungsinteresse unterworfene Um- und

Neugestaltung, deren erschreckend blinde Überheblichkeit in Zielformulierungen deutlich wird wie der, Lebewesen gentechnisch »optimieren« zu wollen (vgl. Bioökonomierat 2010, S. 25; BMBF 2010b, S. 23).

Wie bereits ausgeführt, zeigen die ungewollten Nebenwirkungen der Gentechnik allerdings, dass selbst einfachste Lebewesen komplexer als gedacht und prinzipiell nicht beherrschbar sind, weil sie eben nicht der linearen Logik der Verfechter von Gentechnik und Synthetischer Biologie folgen – sich ihre Reaktionen also nicht, wie angenommen, quantitativ erfassen und steuern lassen. Genau hiervon aber geht etwa das vom Bioökonomierat beratene und seinen Argumenten und Vorschlägen folgende Bundesministerium für Bildung und Forschung aus, das die Natur als aus »Bausteinen« zusammengesetzten und »Bauplänen« gehorchenden, beherrsch- und steuerbaren »Ökosystemdienstleister« für den Menschen missversteht, der sich quantitativ erfassen und durch ein »optimiertes Wissensmanagement« in die gewünschte Richtung steuern lässt:

> »Ein vertieftes Verständnis der biologischen Vorgänge insbesondere in ihrer zeitlichen Dimension wird es erlauben, belastbare und reproduzierbare Vorhersagen zu treffen, wie diese Systeme z. B. auf äußere Einflüsse reagieren oder wie ihre Leistungsfähigkeit optimiert und sie nachhaltig genutzt werden können, das heißt beispielsweise, ohne dabei direkt oder indirekt andere Bereiche der Natur und Umwelt zu schädigen. Modelle zur Vorhersage des Einflusses des Klimawandels auf einzelne Arten und/oder auf Ökosysteme und der für den Menschen wichtigen Ökosystemdienstleistungen wären Anwendungsbeispiele für ein optimiertes Wissensmanagement. Je mehr man in der Lage sein wird, die Bausteine bzw. Baupläne von biologischen Systemen in ihrer Komplexität quanti-

tativ zu beschreiben, zu verstehen sowie ihre Reaktion auf äußere Einflüsse vorherzusagen, desto mehr wird man sie auch zum Vorteil von Mensch und Umwelt technisch nutzen können. Diese Perspektive ist die Basis für den Aufbau einer wissensbasierten Bioökonomie, in der interdisziplinär in Kooperationen und Netzwerken zusammengearbeitet, Wissen ganzheitlich (systemisch) integriert und zu Innovationen geführt wird.« (BMBF 2010b, S. 6)

Was aber nützt die interdisziplinäre Kooperation in Netzwerken, wenn in ihnen linearlogisch gedacht und gehandelt wird, weil man glaubt, im naturwissenschaftlichen Legoland nach Gusto mit den »Bausteinen des Lebens« herumbasteln zu dürfen, ohne die Komplexität des koevolutionären Miteinanders bedenken und auf sie Rücksicht nehmen zu müssen? Eine systemische Wissenschaft sieht anders aus und sitzt vor allem nicht der Verblendung auf, massive Eingriffe in die Natur könnten isoliert vorgenommen werden, also »ohne dabei direkt oder indirekt andere Bereiche der Natur und Umwelt zu schädigen«, und die Ausrichtung der gesamten Welt auf die begrenzten egoistischen Interessen einer einzigen Art könnte »nachhaltig« geschehen.

Da sich mit immer bedrohlicherer Deutlichkeit zeigt, dass dies nicht der Fall ist, wachsen mit jeder ungewollten Nebenwirkung die Vorbehalte und der Widerstand gegen die im Wortsinne nicht zu verantwortenden Vergewaltigungsversuche der Natur. Diese schlägt immer wieder da zurück, wo man es nicht vermutet hat, etwa in Form von Pandemien oder Schadstoff- und Medikamentenrückständen im Fleisch, durch die das hinter blick- und schalldichten Mauern von den Konsumenten abgeschirmte Elend der Massentierhaltung unvermutet in das von Verdrängung geprägte gesellschaftliche Leben hineinplatzt.

Dank der schrittweisen Einsicht in die vielschichtigen und

langfristigen Folgekosten der Verstümmelung, Vergiftung und Vernichtung der Natur, die nicht etwa die Verursacher, sondern die Tiere, die Kunden, die Gemeinschaft und die nächsten Generationen zu tragen haben, ist in der Bevölkerung ein wachsender Unwillen gegenüber den Verursachern und ein steigendes Misstrauen gegenüber ihren Produkten entstanden. Folglich sehen sich die Vertreter der Bioökonomie mit einem Akzeptanzproblem konfrontiert, das sie durch diverse kommunikationsstrategische Maßnahmen zu lösen versuchen. Im folgenden Kapitel werden diese Maßnahmen exemplarisch dargestellt und analysiert.

Das Akzeptanzproblem. Wie der Bevölkerung die Bioökonomie schmackhaft gemacht werden soll

»Nun ist mit dem Begriff der Bioökonomie auch die wirtschaftliche Dimension der Biologie politisch endlich ›angekommen‹. [...] Interessanterweise registriert Brüssel nun, dass ausgerechnet die für ihren politischen Vorwärtsdrang eher weniger renommierte deutsche Regierung first out of the blocks bei der nationalen Umsetzung ist. [...] Es sind nun nicht mehr die traditionellen Öko-Bio-Nischen, sondern die Zukunft von ganzen Volkswirtschaften im Fokus der (bio-)politischen Aktivitäten.«

Holger Zinke, B.R.A.I.N.

»Das heutige Verhältnis von Mensch und Natur ist zutiefst gestört. Wir leben in einem kriegsähnlichen Zustand mit der Natur, ein Krieg, den wir nicht gewinnen können. [...] Wir haben vergessen, dass wir selbst Natur sind. Es ist die Natur, von der wir leben, die uns ernährt und deren Teil wir sind.«

Karl Ludwig Schweisfurth, Über Natur und Recht

Lange wurden die Überzeugung vom Recht des Menschen, nach Belieben über die Natur zu verfügen, sowie die Fantasien von seiner Omnipotenz, die es ihm ermöglicht, dies auch schadlos zu tun, mehrheitlich geteilt. Doch angesichts der inzwischen vielerorts auch das Überleben der Menschen selbst gefährdenden Umweltvernichtung beginnt sich eine globale Sensibilität und Nachdenklichkeit herauszubilden. Die Folgewirkungen menschlicher Eingriffe in die Natur werden nicht mehr, wie zuvor, vollständig negiert, beschönigt oder verdrängt, sondern vor allem von jüngeren Menschen zunehmend wahrgenommen. Registriert wird ferner, dass diese Folgen weder beabsichtigt noch vorhergesehen wurden, dass sie also das Ergebnis schlichten Unvermögens sind.

Besonders die Grüne Gentechnik hat ständig an Boden verloren, speziell in Europa, weil hier »die Ablehnung der Pflanzenbiotechnologie gesellschaftlich und politisch weiterhin hoch ist« (Marcinowski 2011). Und das Negativimage der Grünen Gentechnik und die mit ihr gewonnenen Erfahrungen könnten nun auch auf bestimmte Bereiche der Roten und Weißen Gentechnik übertragen werden, die möglicherweise doch nicht so sicher und harmlos sind, wie es deren Vertreter verkünden. Zumindest gefährdet das sich ausweitende öffentliche Misstrauen die derzeitigen Geschäftsmodelle und damit die Gewinne der beteiligten Firmen, auch wenn es den Vertretern von Biotechnologie-, Chemie-, Pharma-, Agrar- und Nahrungsmittelindustrie gelungen ist, die Politik mit dem Konzept der Bioökonomie auf ihre Seite zu ziehen und zum scheinbaren Gestalter wirtschaftlicher Entwicklungen zu machen.

Um die wachsende öffentliche Skepsis zu stoppen und abzubauen, soll, wie vom Bioökonomierat angeregt und vom BMBF aufgegriffen, nun eine große Kommunikationsoffensive gestartet werden. Inzwischen sind hierzu zwei aufschlussreiche Kommunikationsstrategiebroschüren der acatech, des Mutterschiffes des Bioökonomierats, erschienen. Die Basis bilden eine kritische Auseinandersetzung mit den bisherigen Kommunikationsstrategien in umstrittenen Technologiebereichen wie der Gentechnik sowie die Lehren, die sich auf der einen Seite aus dem gescheiterten Versuch, Medien und Öffentlichkeit für die Grüne Gentechnik zu gewinnen, und auf der anderen Seite aus der erfolgreichen Meinungsbeeinflussung in Sachen Rote und Weiße Biotechnologie ziehen lassen. Vor diesem Hintergrund wurde ein umfassendes PR-Konzept für die Bioökonomie und ihre Sorgenkinder Gentechnik und Synthetische Biologie entworfen (vgl. acatech 2012; Weitze et al. 2012).

Das Dilemma der Autoren und ihrer PR-Berater ist dabei offensichtlich: Zum einen wollen sie Wissenschaftlern, Wirtschaftsvertretern und Politikern praktikable öffentliche Überzeugungsstrategien pro Bioökonomie und Biotechnologie an die Hand geben, zum anderen ist die acatech als staatlich geförderte Institution verpflichtet, derartige Publikationen der Öffentlichkeit und damit auch potenziellen Kritikern zugänglich zu machen, und da wäre es natürlich ungeschickt, diese durch allzu deutliche Statements aufzustacheln. Herausgekommen ist ein Eiertanz zwischen scheinbarer Auseinandersetzung mit zentralen Kritikpunkten und einer keineswegs ergebnisoffenen Beratung der klar ausgerichteten Interessenvertreter.

Welche Position diese Interessenvertreter einnehmen, zeigt etwa folgende Äußerung des ehemaligen Vorstandsvorsitzenden der BASF, Jürgen Hambrecht, der die Berechtigung von Kritik pauschal leugnet und die Grüne Gentechnik mit aller Macht durchzudrücken versucht:

> »Europa darf die Chancen der grünen Biotechnologie nicht verpassen. Wir dürfen uns nicht von irrationalen Ängsten leiten lassen. Es gibt keinen einzigen wissenschaftlichen Nachweis, dass die Pflanzenbiotechnologie der Umwelt oder dem Menschen schadet. Im Gegenteil: Sie wird uns viele Türen zu mehr Gesundheit und Lebensqualität öffnen! [...] Europa muss Innovationsmotor bleiben! [...] Vor allem aber wünsche ich mir, dass sich die Politik ausdrücklich zu neuen Technologien bekennt. Eine bloße Moderation der öffentlichen Meinung ist nicht ausreichend.« (Hambrecht 2010, S. 27)

Warum er das tut, erläutert das ehemalige Bioökonomieratsmitglied Stefan Marcinowski, bis April 2012 Vorstandsmitglied der BASF:

> »Während wir in Deutschland bei der weißen und roten Bio-

technologie eine Erfolgsstory erleben, der immer mehr spannende Kapitel hinzugefügt werden, kommen wir in der Pflanzenbiotechnologie praktisch keinen Schritt weiter. Die Bioökonomie wird aber in vielfacher Beziehung ein Wunschtraum bleiben, wenn das ›Innovationsfeld Pflanze‹ weiterhin aus politischen und ideologischen Motiven blockiert wird.« (Marcinowski 2011)

Im Rahmen der vorliegenden Streitschrift können wir nicht auf sämtliche kommunikative Volten der Akteure der Bioökonomie zum Ausgrenzen, Abdrängen, Durchdringen und Absorbieren der Kritik eingehen, die oft verklausuliert daherkommen und erst einmal textkritisch herausgearbeitet werden müssen. Aber wir werden im Folgenden die Stoßrichtung und einige der eingesetzten Methoden aufzeigen, um den Blick für die rhetorischen Taktiken der Vertreter der Bioökonomie zu schärfen.

Scheinoffenheit und Infiltration

Nach dem Entschluss, die öffentliche Meinung durch konzertierte Kommunikationsaktionen für die eigenen Ziele zu gewinnen, begannen die Hauptakteure der Bioökonomie, dieses Thema professionell anzugehen. Da »die bislang eingeschlagenen Informationswege nicht ausgereicht haben«, um unter anderem »den Nutzen innovativer Pflanzenforschung zur Lösung der globalen Herausforderungen [...] individuell erkennbar zu machen« (Bioökonomierat 2010, S. 46), beschloss man offenkundig, nun neue, indirektere Wege der Meinungsbeeinflussung zu gehen.

Durch Betonung der erhofften Nutzenaspekte soll zunächst einmal auf breiter Basis ein »offeneres« Klima für die umstrittenen Technologien geschaffen werden, um auf Basis dieser neuen atmosphärischen Stimmung eine Meinungsänderung in der Öffentlichkeit zu bewirken.

> »Im Hinblick auf die sich rasant wandelnden Rahmenbedingungen und die heute nicht vollständig absehbaren zukünftigen Technologieanforderungen erscheint es umso notwendiger, sich sämtliche Technologiepfade offen zu halten, wie dies z. B. auch für den Bereich der Energieforschung gilt. Als eine wichtige übergreifende Prämisse der Bioökonomieforschung ist deshalb die prinzipielle Technologieoffenheit für den Standort Deutschland zu betonen. Dies schließt auch die Verfahren der modernen Pflanzenforschung ein, unter denen die Grüne Gentechnik nur eines – wenn auch das am intensivsten diskutierte – darstellt. […] Hierzu sind die notwendigen methodisch-didaktischen Voraussetzungen zu schaffen: beginnend bei Konzepten für Schüler und Lehrer, bis hin zu umfassenden Konzepten für Bürgerdialoge.« (Ebd.)

Der erste »Fascination of Plants Day« am 18. Mai 2012, an dem sich weltweit mehr als 450 Institutionen aus 39 Ländern beteiligten, wurde von den Ministerinnen Schavan und Aigner genutzt, um vor dem Hintergrund eines breiten Themenfächers, der »von der Pflanzen- und Agrarforschung über Umweltschutz und Biodiversität bis hin zur bildenden Kunst« reichte und mit »Veranstaltungen in Botanischen Gärten, Forschungslaboren, Gewächshäusern und Museen« verbunden war, Kinder und Jugendliche für die Gentechnik zu begeistern:

> »Exkursionen, Führungen und Mitmach-Experimente laden dazu ein, sich einmal genauer mit den für uns so wichtigen Organismen zu beschäftigen und direkt mit Pflanzenforschern über ihre Arbeit und über die Bedeutung der Pflanzen für jeden Einzelnen und für die Herausforderungen der Zukunft zu sprechen. […] ›Pflanzen sind die faszinierende Grundlage

unseres Lebens und einer nachhaltigen, auf Biomasse basierenden Wirtschaft. Der ›Fascination of Plants Day‹ macht die Vielfalt an Möglichkeiten der Pflanzenforschung gerade auch für junge Menschen erlebbar‹, hebt Forschungsministerin Schavan die Bedeutung des Tages hervor.« (BMBF 2012b)

Eine unverdächtig erscheinende, weil vorgeblich der Würdigung der Pflanzen dienende Veranstaltung wird also als Plattform verwendet, um für die Reduktion von Pflanzen auf ihren Nutzungsaspekt als »Biomasse« und durch Gespräche mit den »Pflanzenforschern« für deren primär gentechnische Arbeit zu werben, und das vorrangig bei leicht zu beeinflussenden Jugendlichen.

Eine weitere Infiltrationsstrategie besteht darin, sich des Vokabulars und der Zielformulierungen der Kritiker zu bedienen. So werden Sätze geäußert wie: »Es gilt, die Vielfalt der Schöpfung zu bewahren« – allerdings nicht, ohne sogleich eine verbrämte Werbung für Bioökonomie und Gentechnik nachzuschieben: »und deren faszinierende Fähigkeiten zu nutzen und weiterzuentwickeln« (ebd.), die dann noch einmal deutlicher wiederholt wird: »Kernthemen umfassen hier die Resistenzverbesserung landwirtschaftlicher Kulturarten sowie die Optimierung der Züchtungsmethodik.« (Ebd.)

Solche eher unbeholfen wirkenden Manöver dienen offensichtlich dazu, sich durch scheinbar reflektierte und verantwortungsbewusste Einleitungssätze Türen zu öffnen, um dann sein eigentliches Anliegen platzieren zu können, und man findet sie zuhauf. Dazu gehört auch der Verweis auf angeblich umfassende Risikoüberprüfungen, um die Koexistenz des Anbaus von gv-Pflanzen und Ökolandbau zu sichern. Das Problem besteht allerdings darin, dass diese Risikoüberprüfungen *erstens*, wie oben beispielhaft aufgezeigt, meist von keineswegs unabhängigen Instituten durchgeführt werden, und dass eine Koexistenz von gv-Pflanzen und Ökolandbau *zweitens* nicht praktikabel ist, weil es durch Pollenflug und Auskreuzung zwangsläufig zu zunehmenden Vermischungen kommt, wodurch ein gentechnikfreier Ökolandbau unmöglich wird. Den Verfechtern der Gentechnik scheint dies sehr wohl bewusst und offensichtlich nur recht zu sein. So gesteht die acatech in ihrer Strategiebroschüre zum Thema transgene Pflanzen selbst ein:

> »Grundsätzlich kann unter den Arbeits- und Anbaubedingungen der Landwirtschaft keine vollständige Trennung der Anbausysteme gewährleistet werden; sobald transgene Sorten angebaut werden, kommt es unweigerlich zu Vermischungen. Das Ziel der EU-Koexistenzregeln ist daher keine 100-Prozent-Trennung der Wertschöpfungsketten. Vielmehr zielt es darauf, Vermischungen soweit zu vermindern, dass der politisch festgelegte Schwellenwert von 0,9 Prozent GVO-Anteil bei Lebensmitteln eingehalten werden kann.
>
> Eine Null-Toleranz-Grenze (0,0-Prozent-Anteil) würde de facto das Aus für jeglichen Anbau transgener Pflanzen bedeuten. Genau diese Null-Toleranz-Grenze ist jedoch ein zentrales Kriterium für Öko-Produkte; folglich ist die Frage des Eintrages gentechnisch veränderten Materials für den ökologischen Anbau essenziell …« (Weitze et al. 2012, S. 29)

Es werden also Grenzwerte in Bereichen verfochten, wo es keine Grenzwerte geben darf, weil sie eine Durchseuchung der ökologisch angebauten, gentechnikfreien Pflanzen mit gv-Material keineswegs verhindern, sondern vielmehr schleichend gewährleisten. Sobald die ökologische Landwirtschaft aber erst einmal durchseucht ist, gibt es nichts mehr, was sie gegenüber der Gentechnik schützenswert macht. Damit wäre der angestrebte Dammbruch vollzogen. Der soll Ökobauern und Öffentlichkeit durch Aufweichung und Verdrehung der Bezeichnung »gentechnikfrei« offenkundig auch schmackhaft gemacht werden:

> »Beim Anbau von (fertilen) landwirtschaftlichen Kulturpflanzen kommt es zu Pollenflug und einer gewissen Rate des genetischen Austauschs zwischen verwandten (kreuzbaren) Sorten. Dieser Austausch führt dazu, dass die Reinheit von ursprünglich klar getrennten Sorten im Laufe von Vegetationsperioden abnimmt. Das gilt für GM-Sorten und Non-GM-Sorten gleichermaßen und ist auch durch räumlichen Abstand zwischen den Anbauflächen nicht sicher zu vermeiden. Man muss also damit rechnen, dass genetische Fingerabdrücke von transgenem Mais oder Raps auch in nicht transgenem Mais oder Raps auftauchen. Koexistenz kann es daher nur geben, wenn man das hinnimmt und den betroffenen Pflanzen nicht deshalb das Prädikat ›gentechnikfrei‹ abspricht. Bei Erwägung aller einschlägigen Umstände ist daher die Festsetzung von Schwellenwerten für zulässigen Gentransfer die Kompromisslinie, die als Lösung des Konflikts naheliegt.« (Ebd., S. 418)

Man kann sich des Eindrucks nicht erwehren, dass der Bioökonomierat diese Koexistenz als trojanisches Pferd der Gentechnik abzusichern sucht, indem er die Entscheidung darüber von kurzfristigen ökonomischen Erwägungen abhängig machen und sie ausgerechnet der Europäischen Behörde für Lebensmittelsicherheit (EFSA) überlassen will. »In Bezug auf die Zulassung für Import und Anbau von gentechnisch veränderten Kulturpflanzen sollten die Risiken der Nutzung und der Nicht-Nutzung bewertet werden und die abschließende Entscheidung auf wissenschaftlicher Grundlage länderübergreifend durch die EFSA erfolgen.« (Bioökonomierat 2010, S. 44) Ob diese Grundlage wissenschaftlichen Kriterien wirklich genügt, ist fraglich, schließlich ist die EFSA wegen ihrer Verflechtungen mit der Gentechnikindustrie und ihrer Praxis, auf der Basis von Datenmaterial zu urteilen, das ihr von den zu prüfenden Unternehmen zur Verfügung gestellt wurde, höchst umstritten (vgl. Migge 2008; Test-Biotech e.V. 2009).

Auch in anderen Bereichen gibt man sich listenreich, und man muss inzwischen genau hinsehen, um zu erkennen, worum es eigentlich geht. So treten die Akteure der Bioökonomie, sichtlich darauf bedacht, Sympathien zu gewinnen, in jüngster Zeit insgesamt erheblich leiser auf als zuvor. In seinem Gutachten von 2010 forderte der Bioökonomierat noch ungeniert: »Das Wissen um bioökonomische Forschung, ihre Chancen für die Sicherung von Nachhaltigkeit, Innovation und Beschäftigung im Rahmen von Green-Growth-Strategien sind der Öffentlichkeit verstärkt zu erläutern und zu vermitteln.« (Bioökonomierat 2010, S. 9) Im jüngsten Strategiepapier der acatech heißt es nun: »Ernst gemeinte Dialoge müssen Wahlmöglichkeiten bieten und ergebnisoffen sein.« (acatech 2012, S. 5)

Doch schon im nächsten Satz wird die eigentliche Absicht deutlich: »Dieses Format der Wissenschaftskommunikation sollte spätestens dann initiiert werden, wenn erste Anwendungen absehbar werden. Grundsätzlich ist der Dialog [...] eine notwendige, aber keine ausreichende Bedingung für die Zustimmung zur Biotechnologie.« (Ebd.) Beabsichtigt sind also keineswegs ergebnisoffene Debatten mit unterschiedlichsten Ergebnissen, zu denen zwangsläufig auch die Ablehnung von bestimmten Technologien gehören müsste, sondern es geht darum, »Zustimmung zur Biotechnologie« und speziell zur Gentechnik zu erzeugen. Und das erreicht man am besten, indem man heiklen Auseinandersetzungen ausweicht, statt sie zu suchen, und so die eigene Angriffsfläche möglichst klein hält. In einem früheren Satz heißt es zudem: »Es lernt dabei nicht nur die Öffentlichkeit von ›der

Wissenschaft‹, sondern die Wissenschaft hört Meinungen, Erwartungen und Befürchtungen der Öffentlichkeit.« (Ebd., S. 4 f.) Die Öffentlichkeit soll also von den wissenschaftlichen Vertretern der Bioökonomie lernen, während diese offenbar nichts lernen, sondern nur zuhören, um anschließend wieder belehrend auf die Öffentlichkeit einzuwirken, um so »Zustimmung zur Biotechnologie« zu bewirken.

Dass es trotz der Beteuerung, man wolle »Kritik und Ängste ernst nehmen«, allein um Taktik geht, wird auch durch das Eingeständnis deutlich, dass die Etablierung der »Ablehnung der Grünen Gentechnik [...] weniger mit einem Mangel an Informiertheit zusammen[hängt] als vielmehr damit, dass die Menschen keinen Verbrauchernutzen erkennen, stattdessen aber Risiken für sich sehen« (ebd., S. 4). Aber diese in der Tat nicht auf mangelnder Informiertheit basierende Ablehnung der Gentechnik wird keineswegs ernst genommen, sondern als irrationaler, keinem Sachargument zugänglicher Reflex abqualifiziert:

> »Diese Bedenken kann Kommunikation kaum aus dem Weg räumen, da sie auf grundlegenden Ängsten und Einstellungen der Menschen beruhen – und diese sind bemerkenswert stabil. So werden Informationen, die den eigenen Einstellungen entgegenstehen, etwa weil sie vermeintliche Risiken als nichtig erklären, schlichtweg ignoriert oder umgedeutet.« (Ebd.)

Die Lösung wird in der Schaffung von »sozial robustem Wissen« gesehen (ebd.). Dieses soll durch Einwirken auf bestehende »Grundüberzeugungen und Alltagsvorstellungen« als »wichtige Randbedingungen der Wissenschaftskommunikation« erzeugt werden (ebd.), wobei »im Sinne einer Zielgruppenorientierung« einem »problem- statt technologieorientierten Zugang in der Kommunikation mit der Öffentlichkeit« (ebd., S. 5) der Vorzug gegeben wird, denn: »Konflikte können durch Dialog auch verschärft werden, weil diese der Kritik ein Forum bieten, also die Möglichkeit, sich in Szene zu setzen.« (Ebd., S. 34) Vielmehr »sind Chancen für Umwelt, Ernährung beziehungsweise Ressourcenschonung herauszustellen« (ebd., S. 37). Das heißt, man will versuchen, durch Gespräche über vorhandene Probleme und die Betonung der Vorteile der von der Bioökonomie angebotenen Lösungskonzepte emotional anzudocken, ohne sich dabei auf Debatten über die favorisierten Technologien selbst einzulassen.

Als »aussichtsreich« hierfür wird unter anderem die Beteiligung an Internetforen gesehen: »Wissenschaftlerinnen und Wissenschaftler müssen sich im interaktiven Internet und an sozialen Netzwerken beteiligen, fundierte Informationen zur Meinungsbildung liefern und in den Austausch mit der Öffentlichkeit treten. Tun sie es nicht, besetzen möglicherweise andere Gruppierungen das Feld.« (Ebd., S. 5) Und es wird auch nicht davor zurückgeschreckt, noch gut prägbare Jugendliche vor den professionell gesteuerten PR-Karren der Bioökonomie zu spannen:

> »Beispielsweise könnte internetbasierte Kommunikation dazu dienen, interessierte Jugendliche zu identifizieren, die sich dann in persönlichen Dialogveranstaltungen austauschen. Die Organisatoren von Kommunikations- und Beteiligungsverfahren sollten von ihren Auftraggebern dazu angehalten werden, wissenschaftliche Hilfe bei der Evaluierung von Kommunikationsprojekten in Anspruch zu nehmen und methodisch fundierte Bewertungen vorzunehmen.« (Ebd., S. 38)

Mit anderen Worten: Durch Infiltration zentraler Diskussionsforen soll Vertrauen in die Lobbyisten der Biotechnologie geschaffen werden, um so Vertrauen in die von ihnen vertretenen Technologien selbst zu erzeugen und Gegner abzudrängen:

> »acatech empfiehlt, dass sich Wissenschaftlerinnen und Wissenschaftler, die als Kommunikatoren schon heute beträchtli-

che finanzielle und zeitliche Ressourcen investieren, um mehr Sichtbarkeit bemühen und ihre Glaubwürdigkeit pflegen gegenüber teilweise weniger sachkundigen, aber medial viel stärker präsenten Meinungsführern.« (Ebd., S. 37)

Dabei gelte es, konzertiert vorzugehen: »Information, die nicht zu den eigenen Einstellungen kongruent ist, wird dann eher angenommen, wenn sie von Fachleuten verschiedener Ausrichtungen beziehungsweise Werthaltungen, gegebenenfalls von verschiedenen Seiten bei einer Kontroverse, vertreten wird« (ebd., S. 26).

Um die Akteure hierzu zu befähigen, rät die acatech, »Grundfertigkeiten für eine adressatengerechte und sachlich fundierte Wissenschaftskommunikation in der Ausbildung zu verankern« (ebd., S. 5). Gleichzeitig wird die Einrichtung einer Clearingstelle im Internet empfohlen. Dass eine solche Instanz »Informationen zu kontroversen Themen unabhängig von allen Interessengruppen und ausgewogen aufbereitet« (ebd.), darf mit Blick auf die aufgezeigten Verflechtungen des angeblich unabhängigen Bioökonomierats ebenso bezweifelt werden wie die Fähigkeit, in offenen, unhierarchischen Netzwerken die eben nur teilweise weniger sachkundigen Kritiker abzudrängen, zumal, wie korrekt festgestellt wird, »es häufig gerade gebildetere Schichten sind, die Bedenken gegenüber den Risiken neuer Technologien anmelden« (ebd., S. 36).

Angsterzeugung und Suggerieren von Alternativlosigkeit

Angst war schon immer ein schlechter Ratgeber bei Entscheidungen und ihre Erzeugung ein beliebtes Instrument zur Herrschaftssicherung. Und tatsächlich soll derzeit durch das Ausmalen von Horrorszenarien Angst erzeugt werden, um so das »Prinzip des grünen, nachhaltigen Wachstums [...], das von der Biotechnologie ausgehen soll, [...] nicht zuletzt in Zeiten der erlebten Wirtschaftskrise auf fruchtbaren Boden« fallen zu lassen (Gillespie 2010).[22] Wenn der Widerstand gegen die Grüne Biotechnologie, die zu erheblich höheren Erträgen als der ökologische Landbau führe und uns klimarobuste Pflanzen beschere, nicht schleunigst aufgegeben werde, so die Drohung, würde es, bedingt durch Bevölkerungswachstum und Klimawandel, verstärkt zu Hungersnöten und Preissteigerungen kommen. Zusätzlich verschärfen würde sich die Lage durch die Tatsache, dass die fossilen Rohstoffe zur Neige gehen, was eine zunehmende Flächenkonkurrenz zur »biomassebasierten« Energie- und Rohstoffproduktion unausweichlich mache. Dass die fossilen Rohstoffe deshalb so schnell zur Neige gehen, weil sie nach wie vor unsinnig vergeudet werden, wird verschwiegen. Und auch über die zahlreichen Möglichkeiten des Energiesparens und der Steigerung der Energieeffizienz als wichtigste Energiequellen wird kein Wort verloren. Stattdessen wird durch Fortschreiben der Gegenwart in die Zukunft Druck aufgebaut: »Um die Ernährung von 9,5 Mrd. Menschen im Jahr 2050 [...] zu gewährleisten, müssen die Produktion an Nahrungsmitteln deutlich gesteigert und die Verfügbarkeit von Nahrungsmitteln [...] deutlich verbessert werden«, verkündet etwa das BMBF und fährt fort:

> »Die für die Produktion benötigten landwirtschaftlich nutzbaren Flächen sind jedoch begrenzt und werden vielerorts vor allem durch Bodendegradierung qualitativ und quantitativ geschädigt. Langfristig wird die Landwirtschaft außerdem in besonderem Maße von den Folgen des Klimawandels betrof-

22 Vgl. hierzu das erste Kapitel dieses Buches, Unterkapitel »Inhalte, Ziele, Programme und Maßnahmen der Bioökonomie«.

fen sein und mit einer Verschlechterung von Böden, Wassermangel bzw. Überflutungen sowie Ausbreitung von Pflanzenschädlingen zu kämpfen haben. Bei den Rohstoffen wird künftig mit steigenden Preisen bei einer erhöhten Volatilität gerechnet. Eine globale Ernährungssicherung wird ohne stärkeres Engagement vor allem in der Agrarforschung und den Biowissenschaften nicht zu bewältigen sein. Dieses Engagement muss sowohl auf nationaler als auch auf internationaler Ebene verstärkt werden.«

Um seine Ziele durchzusetzen, mahnt das BMBF Druck: »Angesichts der Vielzahl an Jahren, die vom Start eines Forschungsprojekts bis zur Übernahme der Ergebnisse in die landwirtschaftliche Praxis vergehen, drängt die Zeit.« (BMBF 2010b, S. 18)

Auf diese Weise wird von den selbst erzeugten Ursachen der Misere der Agrarindustrie abgelenkt und Zeitnot suggeriert, die ein rasches Handeln in Richtung Bioökonomie unausweichlich erscheinen lässt. Dass, wie im vorigen Kapitel erläutert, die gepriesene industrielle Landwirtschaft mit Grüner Gentechnik keineswegs die Lösung, sondern Teil des Problems der zu Recht beklagten Missstände wie Hunger und Umweltzerstörung ist, wird nicht reflektiert, und daher werden auch die vorhandenen praxistauglichen Alternativen wie ökologischer Landbau, Permakultur, Abwärmenutzung, geschlossene Energie- und Stoffkreisläufe, massiver Ausbau der Solarenergieforschung, Bekämpfung des Hungers durch Verteilungsgerechtigkeit, auf Frauenförderung und Senkung der Kindersterblichkeit basierende freiwillige Geburtenreduktion, Reduzierung des Fleischkonsums etc. nicht in Erwägung gezogen. Wenn überhaupt, werden derartige Wege lediglich kurz und oft abqualifizierend gestreift.

Neusprech: Desorientierung durch Umbenennung

Die Methode, Bewusstsein durch Verdrehung von Sprache, etwa in Form von Umdeutung oder Neubenennung, zu beeinflussen, wurde von George Orwell in seinem Roman *1984* am Beispiel »Neusprech« eindrücklich beschrieben. Vor allem in Politik und Wirtschaft ist diese Taktik sehr beliebt. So werden Lobbyisten zu »Politikberatern« hochstilisiert, Angriffstruppen als »Eingriffskräfte« und Kriege als »Friedensmissionen« verharmlost, Wildkräuter als »Unkraut« verteufelt, Gifte zu ihrer Vernichtung als »Pflanzenschutzmittel« beschönigt, natürlichen Pflanzen »gentechnisch verbesserte Sorten« (Bioökonomierat 2010, S. 44) gegenübergestellt, von »Wahrnehmung globaler Verantwortung zur Sicherung der Welternährung« schwadroniert, wenn schlichte Ressourcensicherung gemeint ist, und Mitgeschöpfe als »Nutztiere« und »Schlachttiere« herabgewürdigt, als wäre das ihre eigentliche Bestimmung und ein entsprechend respektloser und grober Umgang mit ihnen daher gerechtfertigt.

Auch die Akteure der Bioökonomie bedienen sich dieser rhetorischen Mittel. Das beginnt bei dem irreführenden Begriff »Bioökonomie« selbst: Durch diese an Ökolabels erinnernde Bezeichnung wird der Eindruck erweckt, es ginge hier um eine Neuausrichtung der Wirtschaft nach ökologischen Prinzipien, während die Kombination von »bio« mit »Ökonomie« in Wahrheit nichts anderes meint als die restlose kommerzielle Nutzung und Ausbeutung der Natur. Zugleich wird die richtige Erkenntnis, dass Ökologie Ökonomie ist, genutzt, um sie in ihr Gegenteil zu verkehren. Es wird behauptet, Ökologie und Ökonomie würden durch ihre Verknüpfung in Form der Bioökonomie ideal bedient, wodurch eine zukunftssichere Perspektive für eine postindustrielle Wissensgesellschaft geschaffen werde. Doch wenn das

Paradigma der Bioökonomie sich durchsetzt, ist alles, was an agrarökologischer Forschung und Praxis vorliegt, durch die Zerstörung der Voraussetzungen für eine ökologische Landwirtschaft ausgehebelt und obsolet. Biotechnologie-, Chemie-, Pharma-, Agrar- und Nahrungsmittelindustrie übernehmen dann die Zukunftsgestaltung der Landbewirtschaftung und unserer Ernährung. Es entsteht ein totalitäres Design einer restlosen Inbesitznahme der Natur und allen Lebens, das von wenigen Monopolen profitabel in beliebig einsetzbare »Biomasse« verwandelt wird.

Auf dem Weg dorthin ist unsere Gesellschaft schon weit fortgeschritten, und inzwischen ist oft da, wo »bio« draufsteht, Agrartechnologie und meist Gentechnik drin. Etwa bei der Bezeichnung Biotechnologie, die eben nicht die Ausrichtung der Technologie an der Natur, sondern vielmehr die Brechung und beliebige Umgestaltung des Natürlichen durch die Technik zum Inhalt hat. »Anzuführen ist«, schreiben die Kommunikationsstrategen der Bioökonomie, »dass die Reaktionen auf den Begriff ›Gentechnik‹ systematisch deutlich negativer ausfallen als wenn man den Begriff ›Biotechnologie‹ benutzt.« (Weitze et al. 2012, S. 222) Sinn und Zweck solcher Umbenennungen sind also offenbar die gezielte Irreführung und emotionale Umpolung der Öffentlichkeit durch Änderung der Wortkonnotationen. »In bestimmten Kontexten ist es nützlich, bestimmte Begriffe zu vermeiden, um nicht unangemessene Deutungsrahmen wie ›Künstliches Leben‹ hervorzurufen«, heißt es an anderer Stelle (acatech 2012, S. 36).

Die positiv besetzte, allerdings schon oft missbrauchte Bezeichnung »Bio« wird auf diese Weise ganz gezielt endgültig in ihrem Kern verdreht und entwertet, ebenso wie die Worte »nachhaltig« oder »Nachhaltigkeit«. So versteigt sich etwa die BASF in einer Presseerklärung vom 8. November 2011 zu der Behauptung, sie wolle durch »Produkte mit ertragssteigernden Pflanzeneigenschaften (Traits) [...] zur Nachhaltigkeit in der Landwirtschaft beitragen« (BASF 2011). Weitere Beispiele liefern Begriffe wie »Biomedizin«, »Green Growth«, »Green Economy« oder »biobasierte Bioökonomie« (*biobased economy*). Aber damit nicht genug: Die Kommunikationsstrategen der Bioökonomie pirschen sich nun auch noch an den bisher unbelasteten Begriff »ökologisch« heran und versuchen, ihn für die eigenen Zwecke zu vereinnahmen. Anknüpfend an die geradezu zynische, von Gentechnikbefürwortern immer wieder gern angeführte Behauptung, Gentechnik ahme lediglich die Natur nach, in der es doch auch regelmäßig zur Veränderung von Genen durch Kreuzungen und Mutationen komme, bemüht man sich nun schrittweise, eine gedankliche Brücke zwischen Gentechnik einerseits und »natürlich« sowie »ökologisch« andererseits herzustellen. Einen besonders unverfrorenen Versuch solch einer sinnverdrehenden Umdeutung unternimmt die acatech: »Freilich könnte man auch dafür argumentieren, dass sich die Vorteile eines ökologischen Landbaus, im Sinne eines weitgehenden Verzichts auf künstliche Düngemittel und Pestizide, mit den Vorteilen höherer Erträge durch konventionellen Anbau vereinen lassen«, heißt es da, gefolgt von einer schockierend realitätsverzerrenden Aussage von Frank Kempken, Professor für Botanische Genetik und Molekularbiologie an der Christian-Albrechts-Universität zu Kiel:

> »Mit der Übertragung von Genen für Krankheits- und Schädlingsresistenzen auf Ackerpflanzen, Obst und Gemüse stehen uns transgene Pflanzen zur Verfügung, die einen integrierten Pflanzenschutz ohne Umweltbelastung aufweisen. Man kann daher von einer ›Öko-Gentechnik‹ sprechen. Das bedeutet, dass wir in der Lage sind, nachhaltigen Pflanzenanbau mit hohem Ertrag zu kombinieren.« (acatech 2012, S. 14)

Eine bewusstseinsmanipulierende Funktion erfüllt auch der Begriff »wissensbasierte Bioökonomie« (*knowledge-based bioeconomy*, kurz KBBE), der suggeriert, hier befinde sich im Gegensatz zu anderen Wegen des Landbaus geballtes Wissen. Das Gegenteil ist richtig, wenn man die Spur der Verwüstung betrachtet, welche die Agrarindustrie hinter sich herzieht, und einen Blick auf die Fehlschläge und unerwünschten Nebeneffekte der Gentechnik wirft, die, wenn man nicht bösen Willen unterstellt, auf Unwissenheit und Ausblenden der Komplexität und vielschichtigen Vernetztheit lebender Organismen basieren. Doch trotz aller Fakten diffamiert der oben zitierte Frank Kempken beispielsweise die mit einer Fülle von konkreten Erfahrungen und Ergebnissen argumentierende Greenpeace-Studie *Welternährung: Gentechnik kann Hungerproblem nicht lösen* als »politisches Wunschdenken« und fügt hinzu: »Anscheinend befürchtet Greenpeace, dass die neue Generation gentechnisch veränderter Pflanzen eine höhere Akzeptanz in der Öffentlichkeit findet« (Kempken o. J.; vgl. Then 2012) – eine Mutmaßung, die angesichts der einschlägigen Erfahrungen mit der Gentechnik ihrerseits einem Wunschdenken entsprungen zu sein scheint.

Ein weiteres beliebtes rhetorisches Mittel zur gedanklichen und emotionalen Umpolung ist die verwendungsbezogene und entindividualisierende Umbenennung des Lebewesens, um so seine Ausbeutung zu rechtfertigen und jedes Mitgefühl mit ihm auszulöschen. Beispiele wären »Nutztier«, »Schlachttier«, »Fleischlieferant« oder »Suppenhuhn« im Gegensatz zu »Wildtier« oder »Haustier« oder die Ummodelung von Menschen in »Kampfverbände«, »Menschenmaterial«, »Arbeitskräfte« oder schlicht »Untergebene«. Entsprechende Neuschöpfungen aus dem Dunstkreis der Bioökonomie sind etwa die Umbenennung von Getreide, Zuckerrüben oder Mais in »Energiepflanzen« (Bioökonomierat

2010, S. 24), was eine Rechtfertigung dafür liefern soll, dass man sie statt zur Ernährung zur Energieerzeugung nutzt, oder die an Lebensverachtung kaum noch zu überbietende Verwandlung von Leben in eine form- und rechtlose »Biomasse«. Seiner natürlichen Beschaffenheit durch die Bioökonomie restlos beraubt, unkenntlich gemacht und entemotionalisiert, kann das zur »Biomasse« degradierte Leben nun einem nimmersatten System bedenkenlos in den Rachen geworfen werden, das in blinder Gier immer schneller die eigenen Lebensgrundlagen und schließlich sich selbst verschlingt.

Sollte die Vision von der allumfassenden Ökonomisierung jeglichen Lebens Wirklichkeit werden, wird die reine Rationalität der Aufklärung erneut und diesmal endgültig vor sich selbst erschrecken: Durch die Entemotionalisierung allen Lebens und seine Reduktion auf seine kommerzielle Verwertbarkeit werden Eingriffe legitimiert und gefördert, die in ihrer Kurzsichtigkeit unsere Welt auf eine kaum mehr umkehrbare Weise verändern und unser Verständnis von dem, was den Wert des Lebendigen ausmacht, durch seine Definition als »Biomasse« vollständig pervertiert. Dass es auch anders geht, werden wir nun an einigen Beispielen illustrieren.

Wirtschaftliche, wissenschaftliche und politische Alternativen zur Bioökonomie

»Der international immer wieder belegte Nutzen der Pflanzenbiotechnologie […] wird in Deutschland und etlichen anderen europäischen Ländern ignoriert. […] Wer Bioökonomie will und fordert, muss eine schlüssige Antwort parat haben auf die entscheidende Frage: Wie schaffen wir es, bei gleichbleibender Fläche die Produktivität zu erhöhen? Nur dann werden wir auch in Zukunft ausreichend Lebens- und Futtermittel, Arzneimittel, Fasern für biobasierte Werkstoffe und nachwachsende Rohstoffe als Baustoffe, Energieträger oder als Kohlenstoffquelle für die chemische Industrie bereitstellen können. Ohne Innovationen in Düngung, Pflanzenschutz, klassischer und moderner Pflanzenzüchtung wird das nicht zu realisieren sein.«

Stefan Marcinowski, Rede zur DIB-Jahrespressekonferenz am 25. Mai 2011

»Die *Welt* ist nun die Umwelt des Menschen. Die *Natur* ist nun seine Bedürfnisbefriedigungsanstalt. Die *Dinge* sind nun seine Objekte. Der Mensch sitzt auf dem Thron, und die Natur ist sein Pissoir.«

Hanspeter Padrutt, Der epochale Winter

Die Vertreter der Bioökonomie tun gern so, als wären die von ihnen propagierten Maßnahmen alternativlos, und begründen dies damit, dass sie dank ihres überlegenen Wissens mit der gentechniklastigen Agrarindustrie ungleich höhere Erträge als die ökologische Landwirtschaft erzielen könnten. Diese Behauptung provoziert Widerspruch, denn *erstens* lassen sich, wie oben ausgeführt und durch zahlreiche Studien belegt,[23] weltweit Ertragsstei-

23 Etwa durch die bereits erwähnte, 2005 vom World Resources Institute veröffentlichte mehrbändige Studie, abrufbar unter: {http://www.millenniumassessment.org/en/About.aspx} (Stand: Mai 2013).

gerungen gegenüber der ökologischen Landwirtschaft allenfalls kurzfristig und nur zu hohen ökologischen, sozialen und kulturellen Folgekosten erzielen, von der biologischen Qualität der so gewonnenen landwirtschaftlichen Grundprodukte ganz zu schweigen (vgl. Oliveira 2013). Und *zweitens* wirkt die Aussage, die Bioökonomie sei »wissensbasiert«, angesichts der zahlreichen ungewollten Nebenwirkungen und Fehlschläge der Gentechnik sowie der Schneisen der Verwüstung, die die Agrarindustrie bisher hinterlassen hat, bestenfalls ignorant (vgl. Kimbrell 2002; Imhoff 2010).

Es gibt sie durchaus, die langfristig sinnvolleren Alternativen zu den oben skizzierten großindustriellen Strategien der Bioökonomie. Dabei liegt die Lösung vor allem in flexiblen regionalen Netzwerken mit weitgehend geschlossenen Stoffkreisläufen, einer den jeweiligen Erfordernissen angepassten lokalen Selbstversorgung mit regenerativen Energien, einer an Ernährungssouveränität und relativer Ernährungsautarkie orientierten Lebensmittelwirtschaft sowie einer je nach Bedarf erfolgenden lokalen, nationalen oder globalen Vernetzung.

Einige alternative Fallbeispiele werden wir im Folgenden aufführen, wobei wir vorsorglich darauf hinweisen, dass es angesichts der Komplexität der großen Krisen (Klima-, Energie-, Finanz-, Ernährungs-, Ressourcen- und demografische Krise) und ihrer vielfältigen ungünstigen Auswirkungen in den unterschiedlichen Regionen der Welt kein allgemein gültiges, globales Patentrezept zur Lösung der großen Zukunftsfragen der Menschheit gibt – die Vertreter der Bioökonomie suggerieren dies zuweilen. Dennoch zeigen sich nur individuell auf die jeweiligen klimatischen, biologischen, geografischen, politischen und kulturellen Besonderheiten hin ausgerichtete Einzellösungen ohne totalitären Geltungsanspruch als wirklich tragfähige nachhaltige »Projekte der

Hoffnung« (Lüpke/Erlenwein 2010). Damit solche anpassungsfähigen Alternativen zugelassen und nicht schon im Keim erstickt werden oder in zielloser Beliebigkeit enden, bedarf es entsprechender politischer und wirtschaftlicher Rahmenbedingungen, die auf einer wissenschaftlich abgesicherten Basis Toleranzspielräume und Selbstbestimmungsmöglichkeiten eröffnen. Moderne Gesellschaften sind gut beraten, sich um ihres eigenen langfristigen Überlebens willen für Vielfalt – von der Biodiversität bis hin zur kulturellen Vielfalt – einzusetzen, statt sie durch die Schaffung nicht mehr umkehrbarer Bedingungen unmöglich zu machen. Ein Beispiel für Letzteres liefert die im vorigen Kapitel behandelte Koexistenzforderung der Gentechnikkonzerne: Die Erfüllung dieser Forderung nach einem parallelen Anbau von gv- und gentechnikfreien Pflanzen macht, da es durch Pollenflug und Auskreuzung zwangsläufig zur zunehmenden Vermischung kommt, einen gentechnikfreien Ökolandbau unmöglich.

Im Zentrum der Überlegungen sollten also nicht nur die Alternativen selbst, sondern vor allem auch die Voraussetzungen stehen, unter denen sie sich realisieren und, wenn durch sich ändernde Gegebenheiten vor Ort notwendig, am Gemeinwohl orientiert auch schnell korrigieren lassen. Die am Kapitalmarkt wie in der Produktion landwirtschaftlicher Güter überall zu beobachtenden Instabilitäten und Volatilitäten benötigen fehlerfreundliche[24] Ansätze statt unflexibler Pauschallösungen. Die entsprechenden

24 Fehlerfreundlichkeit bedeutet nach Christine und Ernst-Ulrich von Weizsäcker »eine besonders intensive Hinwendung zu und Beschäftigung mit Abweichungen vom erwarteten Lauf der Dinge. Dies ist eine in der belebten Natur überall anzutreffende Art des Umgangs mit der Wirklichkeit und ihren angenehmen und unangenehmen Überraschungen« (von Weizsäcker, Christine/Ernst-Ulrich von Weizsäcker 1984, S. 168). In fehlerfreundlichen Systemen, so die Autoren, führen risikofreudige Entscheidungen durch diese Aufmerksamkeit gegenüber unerwarteten Ab-

Voraussetzungen dafür werden vor allem durch Wirtschaft, Wissenschaft und Politik geschaffen oder zunichtegemacht.

Im Folgenden widmen wir uns daher der Frage, welche Leitlinien und Spielregeln in diesen drei Bereichen beachtet werden sollten, damit die Voraussetzungen für die Entfaltung einer sich an die jeweiligen Erfordernisse von Märkten und Umwelt anpassenden Alternativenvielfalt geschaffen werden. Der Politik als gesetzlichem Rahmengeber und finanziellem Förderer oder Blockierer kommt hier eine zentrale Steuerungsfunktion zu, die nur dann im langfristigen Interesse der Bürger erfüllt wird, wenn die Politik ihre Rolle als Verfechter des Gemeinwohls ernst nimmt und sich nicht zur Erfüllungsgehilfin einzelner Konzerne macht.

Wir zeigen im folgenden Abschnitt auf, welche Alternativen es in Wirtschaft, Wissenschaft und Politik gibt und nach welchen Kriterien diese bewertet werden können. Wir beschreiben auch Leitlinien, an denen sich eine Politik der Nachhaltigkeit, die diesen Namen verdient, bei der Setzung wirtschaftlicher Rahmenbedingungen, der Förderung der Forschung und dem Schutz einer intakten natürlichen und sozialen Mitwelt orientieren kann und nennen Beispiele einer validen agrar- und sozialökologischen Forschung, der in den vergangenen Jahren kontinuierlich das Geld entzogen wurde, obwohl genau hier dauerhaft tragfähige Lösungswege für die vorgeblichen Problemstellungen der Bioökonomie erarbeitet werden. Zugleich machen wir Vorschläge, wie Wirtschaft – vor allem Landwirtschaft – im Zeichen von Ressourcenknappheit, Klimawandel und Globalisierung funktionieren kann.[25]

weichungen nicht zu unkalkulierbaren Risiken. Daher wird Fehlerfreundlichkeit von den Autoren als Voraussetzung für ein verantwortliches Handeln beschrieben.

25 Für die Landwirtschaft hat die mehr als 25-jährige Tätigkeit der Schweis-

Insgesamt stellen wir dem trotz aller gegenteiligen Behauptungen rigoros standardisierenden und totalitären Prinzip der Bioökonomie das evolutionsbiologische Überlebensprinzip der Vielfalt gegenüber, das die Welt im Gegensatz zur Bioökonomie nicht als steuer- und manipulierbares maschinelles System begreift. Die Bioökonomie schränkt, wie oben beschrieben, Handlungsfreiheit durch die Förderung von Monopolen, von wenigen Hochertragssorten und -rassen und von Produktkonformität massiv ein. Und durch die Schaffung von Bedingungen, die zur Vergiftung von Wasser und Böden führen und die genetische Ausräumung und Durchseuchung ganzer Regionen bewirken, sowie durch finanzielle und gesetzgeberische Weichenstellungen blockiert sie die Umsetzung von Alternativen. Dagegen fördert das evolutionsökologische Prinzip der Vielfalt die technische, wissenschaftliche, ökonomische, soziale und politische Kreativität zur Entwicklung und Umsetzung regionsspezifischer Lösungen (vgl. Sprinkart/Gottwald 2013). Es animiert zur dauerhaft tragfähigen Bewirtschaftung der jeweiligen lokalen Böden unter Berücksichtigung der gegebenen Kleinklimata und genetischen Ressourcen (etwa in Form heimischer Wild- und Kulturpflanzen oder alter Nutztierrassen) und eröffnet sozial, ökologisch, kulturell und ökonomisch attraktive Zukunftsperspektiven, die auch den Überlebensrechten kommender Generationen Rechnung tragen.

furth-Stiftung München belastbare, ökologische und sozial verträgliche Modelle zur Zukunftsgestaltung über alle Stufen der Erzeugung, Verarbeitung und Vermarktung hinweg erforscht und kommuniziert (vgl. etwa Schweisfurth/Dierkes/Gottwald 2002; Schweisfurth-Stiftung 2012).

Zukunftsfähige Alternativen für die Wirtschaft

Dass Bioökonomie nicht alternativlos ist, zeigen mittlerweile vielfältige Beispiele einer wahrhaft nachhaltigen Gestaltung von Produkten und Dienstleistungen im Rahmen regionaler Kreislaufwirtschaften. Schon 1993 – also ein Jahr nach der ersten Weltkonferenz zur nachhaltigen Entwicklung in Rio de Janeiro, wo mit der »Agenda 21« die Umsetzung zukunftsorientierter Alternativen in Wirtschaft und Gesellschaft beschlossen wurde[26] – veröffentlichte der amerikanische Unternehmer und Journalist Paul Hawken ein Buch mit dem Titel *Kollaps oder Kreislaufwirtschaft* (Hawken 1996), in dem er der Frage nachgeht, wie Unternehmen gewinnbringend und entwicklungsfähig wirtschaften können, ohne die Umwelt direkt oder indirekt zu zerstören.

Hawken, bis 1993 Mitinhaber einer damals florierenden Handelsfirma, beantwortet diese Frage mit einem detailliert ausgearbeiteten Vorschlag für eine Kreislaufwirtschaft, die sich nach dem Vorbild der Natur entwickelt. Das Schließen von Kreisläufen und die Vernetzung unterschiedlicher Branchen stehen im Zentrum seines Konzepts für ein Wirtschaften im besseren Einklang mit der Natur. Hawken nennt als Beispiel für seine neue Industrieökologie ein Projekt im dänischen Kalunborg:

26 Das Aktionsprogramm für nachhaltige Entwicklung »Agenda 21« wurde 1992 auf der Konferenz für Umwelt und Entwicklung der Vereinten Nationen (UNCED) in Rio de Janeiro von 178 Staaten und Nichtregierungsorganisationen verabschiedet. Als Leitlinie öffentlichen Handelns dient sie als Grundlage einer generationengerechten Ausgestaltung von Wirtschafts-, Umwelt- und Entwicklungspolitik. Außerdem sollen laut »Agenda 21« in den Industrienationen energie- und agrarpolitische Entscheidungen sowie handelspolitische Maßnahmen klimarelevant angepasst werden, während in den Entwicklungsländern die Bekämpfung von Hunger, Armut und Analphabetismus, eine verbesserte Gesundheitspolitik sowie die Sicherung der Trinkwasserversorgung im Vordergrund stehen.

»Dort arbeiten ein Kohlekraftwerk, eine Ölraffinerie, ein spezialisiertes Pharmazieunternehmen, ein Stahlblechwerk, Betonproduzenten, eine Fabrik für Schwefelsäure, das örtliche Heizkraftwerk, eine Fischzuchtanlage, einige Betreiber von Gewächshäusern und örtliche Landwirte zusammen. Das Kraftwerk Asnaes leitete diesen Prozess ein, als es in den achtziger Jahren damit begann, seine Überschusswärme in Form von Dampf weiterzuverwerten. Zuvor hatte man den Dampf kondensiert und dann in Form von Wasser in einen nahe gelegenen Fjord geleitet, nun geht der Dampf direkt an die Ölraffinerie Statoil und die pharmazeutische Fabrik Novo Norisk. Außerdem wird Überflusswärme an die Treibhäuser, ein städtisch kontrolliertes Fischzuchtunternehmen und die Einwohner der Stadt weitergeleitet, denen es daraufhin möglich war, 3500 mit Öl betriebene Heizungssysteme abzuschalten.« (Ebd., S. 91)

Seither haben sich weltweit eine Vielzahl ökologisch und systemisch orientierter Unternehmen entwickelt und am Markt behauptet, deren Stärke in Systeminnovationen liegt, die mehrere Problemlösungen miteinander verbinden. So wird etwa eine technische Lösung in eine soziale Lösung eingebettet und zugleich mit einer infrastrukturellen Lösung verbunden. Beispiele hierfür liefern Mobilitätsdienstleistungsunternehmen wie DriveNow, die Carsharing organisieren, oder Plattformen à la Facebook oder Xing, auf denen sich die Teilnehmer mit minimalem Aufwand in kürzester Zeit und über alle geografischen Grenzen hinweg vielschichtig miteinander austauschen und zugleich eigene Netzwerke und Pools bilden können.

Für die agrar- und sozialökologischen Wirtschaftsalternativen auf dem Land und mit der ländlichen Bevölkerung, einschließlich der Nutzung nachwachsender Rohstoffe, sind spezifische Nachhaltigkeitsinnovationen erforderlich. Ganzheitlich ökologisch oder systemisch orientierte Unternehmen verstehen unter Nachhaltigkeitsinnovationen Lösungen, die durch das Aufgreifen sozialer, ökologischer und/oder kultureller Probleme neue Märkte, Produkte, Dienstleistungen und/oder Prozesse hervorbringen. Erfolgreiche Projekte etwa aus der Ernährungswirtschaft zeigen, wie sich auf diese Weise komplexe Probleme nachhaltig und umfassend lösen lassen (vgl. Gottwald/Steinbach 2011). So liefert etwa die derzeit expansive Entwicklung des Marktes für vegane Lebensmittel[27] ein Beispiel dafür, wie durch ein reichhaltiges, primär auf frischen Zutaten, traditionellen Herstellungsverfahren und individueller Experimentierfreude basierendes Speisenangebot ohne Zutaten tierischen Ursprungs zum einen den Bedürfnissen derjenigen Konsumenten entsprochen wird, die sich aus gesundheitlichen, ethischen, ökologischen, sozialen oder kulturell-religiösen Gründen rein pflanzlich ernähren wollen, und zugleich, ähnlich wie bei der Slow-Food-Bewegung, eine neue, auf Genuss und Lebensfreude basierende Esskultur entsteht, die das soziale Miteinander fördert und neue Unternehmen und Arbeitsplätze schafft. Dabei setzt die moderne vegane Küche kaum Technologien der Lebensmittelindustrie ein.

Oft bildet der gesellschaftlich getragene Wunsch nach klima-, tier- und umweltverträglichen Produkten und mehr Energieeffizienz bei Haushaltsmaschinen und Gebäudetechnik den Aus-

27 Laut der *Nationalen Verzehrstudie* des Max-Rubner-Instituts von 2008 ernährten sich im Jahr 2008 noch rund 80.000 Deutsche, also 0,1 Prozent der Bevölkerung, vegan (*Nationale Verzehrstudie*, II. Ergebnisbericht, Teil 1, Karlsruhe 2008). Statistischen Erhebungen zufolge ist diese Zahl inzwischen bereits auf 700.000 Veganer allein in Deutschland gestiegen (bei sieben Millionen Vegetariern; weltweit sind es rund eine Milliarde; vgl. dazu etwa Schneeberger 2013).

gangspunkt für Nachhaltigkeitsinnovationen. Diese erfüllen vor allem drei Kriterien: Sie

- generieren mittel- bis langfristig einen Markterfolg, sind also auch ökonomisch überlebensfähig,
- bringen in mindestens einem der Felder der sozialen, ökologischen oder kulturellen Nachhaltigkeit relevante Verbesserungen, ohne zugleich in einem der anderen Felder eine Verschlechterung zu bewirken, und
- sind skalier- und multiplizierbar, also reproduzierbar (vgl. Gottwald/Steinbach 2011, S. 19).

Häufig stehen hinter Unternehmen, die Nachhaltigkeitsinnovationen schaffen, Vordenker eines Systemwandels hin zu einer postfossilen und postindustriellen Wirtschaft wie Amory Lovins, Michael Braungart oder Gunter Pauli. Der amerikanische Physiker Amory Lovins ist Mitbegründer und Geschäftsführer des seit 1982 bestehenden Rocky Mountain Institute (RMI), einer unabhängigen Non-Profit-Organisation mit Sitz in Colorado, die innovative Wege der Ressourcenschonung und Energieeinsparung geht und in dem Buch *Reinventing Fire* revolutionäre Konzepte für die Bereiche Transport, Gebäude, Stromerzeugung und Industrie vorstellt (Lovins/Rocky Mountain Institute 2011). Damit soll bis zum Jahre 2050 eine um 158 Prozent gewachsene US-Wirtschaft ohne den Einsatz von Öl, Kohle und Atomstrom und mit einem um ein Drittel gesenkten Erdgasverbrauch aufgebaut werden, die keinerlei externe Auswirkungen hat und von einer massiven Kostenreduktion in den genannten Bereichen profitiert. So hat RMI etwa eine neue Generation von Lang-Lkws konzipiert, die dank geringem Luftwiderstand, Leichtbauweise, innovativer Bereifung, Fahrertraining, einer optimierten Logistik und der Kombination von Straße, Schiene und Schiff mehr Ladung bei erheblich geringerem Verbrauch transportieren können. Derartige Konzepte sind branchenübergreifend von Bedeutung – auch und gerade für die Agrarwirtschaft –, weil sie durch eine drastische Verbrauchsreduktion die Konkurrenz zwischen Teller, Tank und Produktion massiv verringern.

Das von dem deutschen Verfahrenstechniker Michael Braungart und dem amerikanischen Architekten und Autor William McDonough entwickelte Cradle-to-Cradle-Konzept (Baumgart/McDonough 2002), eine Form zyklischer Ressourcennutzung, welche die Stoffkreisläufe der Natur zum Vorbild hat, bietet ebenfalls eine praktikable Alternative zum unhinterfragten Ressourcenverbrauch der Bioökonomie. Das Konzept sieht die Vermeidung und Wiederverwertung von Abfällen, eine deutliche Steigerung der Energieeffizienz und die Reduktion des Verbrauchs von Rohstoffen vor. Zugleich wird durch die Aus- und Weiterbildung von Anwendergruppen gewährleistet, dass weitgehend geschlossene Stoffkreisläufe entstehen. Produkte, die sich wieder in den biologischen Kreislauf zurückführen lassen oder die innerhalb eines technischen Kreislaufs erhalten bleiben, können entsprechend ihrer Einstufung zertifiziert werden. Dies geschieht durch die EPEA (Environmental Protection Encouragement Agency) Internationale Umweltforschung GmbH in Zusammenarbeit mit dem gemeinnützigen Cradle to Cradle Products Innovation Institute mit Sitz in Kalifornien. Kriterien sind unter anderem Umweltsicherheit und Kreislauffähigkeit der Materialien, der Einsatz erneuerbarer Energien, der verantwortungsvolle Umgang mit Wasser oder die Berücksichtigung sozialer Aspekte (EPEA 2013).

Am Prinzip des Wirtschaftens in Kreisläufen unter geringstem Material- und Energieeinsatz orientieren sich auch die Innovationen des Blue Economy-Ansatzes, den der Unternehmer Gunter Pauli entwickelt hat (vgl. Pauli 2012). Unter Blue Economy versteht der Absolvent der renommierten Business School Insead und ehemalige Assistent von Aurelio Pecci, dem Gründer des Club of Rome, ein Wirtschaften, das dem Erhalt der natürlichen Mitwelt auf dem »Blauen Planeten« verpflichtet ist. Der auf das Blau der Ozeane mit ihren vielfältigen Lebensformen sowie auf das Blau des Himmels als Symbole einer intakten Natur verweisende Blue-Economy-Ansatz integriert das menschliche Wirtschaften in die systemischen Zusammenhänge der Natur und strebt unter Berücksichtigung der Grundbedürfnisse und wirtschaftlichen Interessen der Menschen danach, die natürlichen Lebensbedingungen möglichst vieler Tier- und Pflanzenarten weitgehend zu erhalten. Pauli formuliert seine Vision einer systemischen Alternative zum zerstörerischen Wirtschaften der Gegenwart, die sich primär immer nur auf einen Aspekt konzentriert, als gesamtheitlich lebensförderliche Perspektive:

> »Die Vision der Blue Economy ist die Befriedigung der Grundbedürfnisse aller Menschen mit dem, was wir haben. Sie steht für einen neuen Weg der Geschäftsgestaltung: Durch Nutzung der verfügbaren Ressourcen in Kaskadensystemen wird der Abfall eines Produkts zum Ausgangsmaterial für neuen Cashflow.
>
> Auf diese Weise werden Arbeitsplätze geschaffen, Sozialkapital aufgebaut und das Einkommen steigt – dabei wird die Umwelt, die unsere Lebensgrundlage bildet, nicht weiter ausgebeutet und verseucht. So können wir uns entwickeln, von einer Wirtschaft, in der Gutes teuer und Schlechtes billig ist, hin zu einem System, in dem das Gute und Innovative erschwinglich ist.« (Blue Economy 2013)

Die ersten Schritte zur Realisierung begannen 2004 mit dem durch das Umweltprogramm der Vereinten Nationen finanzierten Projekt »Nature's 100 Best«. Mit wissenschaftlicher Unterstützung wurden nachhaltige, von der Natur inspirierte Problemlösungen für Gesellschaft und Wirtschaft identifiziert. Aus 2131 natürlichen Technologien wurden 340 herausgefiltert, die in ökosystemähnlich funktionierenden Systemen zusammengefasst werden konnten und das Potenzial hatten, bestehende Geschäftsmodelle grundsätzlich zu verändern. Ein Team von Geschäftsstrategen, Finanzanalytikern und staatlichen Angestellten bewertete sie nach Praktikabilität, Nützlichkeit und Nachhaltigkeit. Die 100 besten Ideen wurden zur Umsetzung ausgewählt. Sie alle sind systemisch orientiert, das heißt, sie lösen stets mehr als ein Problem auf einmal, statt sich nur auf einen isolierten Aspekt zu fokussieren. Das Ergebnis kann sich sehen lassen:

> »Etwa ein Drittel der vorgestellten 100 Innovationen ist bereits weltweit durch Firmen implementiert worden, ein Drittel gibt es als Prototypen, und das letzte Drittel ist wissenschaftlich bewiesen, benötigt aber noch weitere Forschungen, um zu marktfähigen Produkten weiterentwickelt zu werden. Sie alle stehen beispielhaft für die Gesamtphilosophie und Vision der Blue Economy. Täglich stoßen wir auf neue Entdeckungen und spannende Entwicklungen. Unser Ziel ist es, Hunderte, Tausende oder auch Millionen von Unternehmern zu inspirieren.« (Ebd.)

Ziel des Blue Economy-Ansatzes ist die restlose Abfallverwertung, die von dem im Jahr 1994 von Pauli gegründeten Netzwerk ZERI (Zero Emissions Research and Initiatives) propagiert wird. Dabei orientiert sich die Blue Economy an biologischen Stoffwechselprozessen: In der Natur gibt es keinen Abfall, sondern Nährstoffkreisläufe, in denen die Ausscheidungen und Überreste des einen zum Nährstoff eines anderen Organismus werden.

Ein Beispiel für die effiziente Nutzung von Abfall als Ausgangsbasis für die Produktion von Gütern liefert das Berliner Unternehmen Chido's Mushrooms, das auf ein von ZERI finanziertes Forschungsprojekt zurückgeht. Die Firma lässt schmackhafte Pilze auf Kaffeesatz wachsen und nutzt auf diese Weise vermeintlichen Müll zur Erzeugung eines hochwertigen Nahrungsmittels. Es bietet auch sogenannte »Homegrowing Kits« an, die es jedem Großstädter ermöglichen, zu Hause selbst kostengünstig essbare Pilze zu züchten. Die Pilze werden ebenso wie die Homegrowing Kits lokal und über das Internet vertrieben. Für diese Idee wurde Chido's Mushrooms als Vorbild für nachhaltiges Wirtschaften mit dem Startup-Sonderpreis des Sustainovation Awards ausgezeichnet, der jährlich von der *Wirtschaftswoche* und der Unternehmensberatung Altran vergeben wird (Chido's Mushrooms o. J.).

Auch der von einem Blue-Economy-Team unterstützte Fisch-Treibhaus-Verbund TopFarmers arbeitet nach den Prinzipien der Kreislaufwirtschaft: Der Fischkot im Wasser dient als Dünger für die Pflanzen, die wiederum das Wasser filtern und so der Gesunderhaltung der Fische dienen. Momentan wird ein Prototyp, ein kleines Gewächshaus auf einer Dachterrasse, betrieben, auf der eine Fischzucht mit einer ganzjährigen ökologischen Gemüseproduktion gekoppelt ist. Das System findet auf Flachdächern in Großstädten Platz und kann Lebensmittel für die lokale Bevölkerung liefern. Auch hier werden die Prozesse natürlicher Ökosysteme nachgebildet und mehrere Probleme gleichzeitig gelöst: Es wurden größere Mengen von gesunden Nahrungsmitteln auf weniger Raum durch Nutzung der Raumhöhe und die gemeinsame Pflanzung mehrerer Arten durch Permakultur und integrierte Anbaumethoden produziert, zugleich wird der Einsatz von chemischen Düngern und Pestiziden überflüssig, natürliche Ressourcen wie Wasser und Energie werden effizient genutzt, weite Transportwege vermieden und der Gesamtaufwand reduziert, indem fast alle für die Erzeugung der Lebensmittel benötigten Stoffe aus dem System heraus bereitgestellt werden (TopFarmers o. J.).

Viele andere Blue-Economy-Projekte zielen ebenfalls auf die Entwicklung einer urbanen Landwirtschaft, die Tausende neuer Arbeitsplätze in den Städten schaffen und gleichzeitig einen wesentlichen Beitrag zur Ernährungssicherung gerade auch für die zunehmend unter Armut leidenden Menschen in den stetig wachsenden Megacitys leisten kann. Mittlerweile wird pestizid- und gentechnikfreie urbane Landwirtschaft erfolgreich in New York, Shanghai, Kapstadt, Montreal und in anderen Metropolregionen betrieben.[28] Das weltweite Potenzial einer solchen Entwicklung ist gewaltig: Allein in den USA stehen auf Büro- und Geschäftsgebäuden theoretisch 1,4 Milliarden Quadratmeter Fläche für die innerstädtische Landwirtschaft bereit, die 50 Millionen Familien jeden Tag einen Korb mit frischem Gemüse bescheren könnten (The Blue Economy 2012). Der Bereich der urbanen Landwirtschaft eröffnet somit neue Horizonte und stellt gleichzeitig Stadtplanung und Architektur vor neue Herausforderungen (vgl. Mees 2012, S. 20 f.). Auch sind noch sicherheitstechnische Probleme zu lösen: Wie kann man gerade in von Armut bedrohten Vierteln die Ernte vor Diebstahl und Vandalismus schützen? Oder: Wer garantiert für die Lebensmittelsicherheit?

28 Einen umfassenden Überblick über weltweite Projekte zum »Urban Gardening« mit unterschiedlicher Schwerpunktsetzung (Soziales, Nachhaltigkeit, Ernährungssicherung, Geschlechtergerechtigkeit) bieten Müller 2011; Meyer-Renschhausen et al. 2002; Meyer-Renschhausen 2004 sowie Kälber 2011.

Leitlinien einer nachhaltigen Wirtschaft

Das Grundprinzip nachhaltigen Wirtschaftens besteht in der Entkoppelung von Wachstum und Naturverbrauch. Die am Beispiel der Blue Economy skizzierte Effizienzrevolution zielt auf eine Vervielfachung des verteilbaren Wohlstands bei gleichzeitiger Verringerung des Naturverbrauchs. Die deutschen Effizienzforscher Ernst Ulrich von Weizsäcker und Friedrich Schmidt-Bleek vom international renommierten Wuppertal Institut für Klima, Umwelt und Energie halten dies für durchaus realisierbar. Anhand zahlreicher Beispiele belegen sie, dass sich die Energie-, Stoff- und Transportproduktivität bis zum Faktor 10 steigern lassen (vgl. von Weizsäcker et al. 2010; Schmidt-Bleek/Bierter 2010; Schmidt-Bleek et al. 2004; Schmidt-Bleek/Wiegandt 2007).

Neben diesem quantitativen Maßstab für alternative wirtschaftliche Innovationen seien noch vier Leitlinien für die Entwicklung nachhaltiger wirtschaftlicher Alternativen erwähnt: das Vorsorgeprinzip, das Verantwortungsprinzip, das Prinzip der Generationengerechtigkeit sowie das Prinzip der Biodiversität.

Das *Vorsorgeprinzip* hilft, Schädigungen und Nachteile im Vorhinein zu vermeiden, beispielsweise durch eine wissenschaftlich solide Technikfolgenabschätzung. Es basiert auf dem Kategorischen Imperativ Immanuel Kants: »Handle nur nach derjenigen Maxime, durch die du zugleich wollen kannst, dass sie ein allgemeines Gesetz werde.« (Kant 1998 [1785]) Kants Maxime wurde durch den Naturphilosophen Hans Jonas modernisiert und ergänzt: »Handle so, daß die Wirkungen deiner Handlung verträglich sind mit der Permanenz echten menschlichen Lebens auf Erden« – beziehungsweise: »Handle so, daß die Wirkungen deiner Handlungen nicht zerstörerisch sind für künftige Möglichkeiten solchen Lebens.« (Jonas 1979, S. 36) Demnach hat der Mensch dafür (Vor-)Sorge zu tragen, dass ein menschenwürdiges

Dasein auf Erden auch in Zukunft möglich ist. Damit verbietet es sich, durch Technik oder Politik das »Nichtsein künftiger Generationen« zu riskieren (ebd.).

Neben Risiken, die durch menschliches Handeln ausgelöst werden können, müssen jedoch auch die potenziellen Gefahren des Unterlassens einer Handlung betrachtet werden, die ebenfalls zu Krisen für Natur, Mensch und Gesellschaft führen kann. Wenn allerdings der Bioökonomierat anführt, dass bei »Technologieentscheidungen, wie der Nutzung von gentechnisch veränderten Pflanzen«, nicht nur »die Risiken der Nutzung, sondern auch jene der Nicht-Nutzung in die wissenschaftliche Bewertung eingehen« sollten (Bioökonomierat 2010, S. 9), so kann man dies bestenfalls als zynisch bezeichnen. Denn die Nicht-Nutzung gentechnisch veränderter Pflanzen hat allenfalls für die davon finanziell profitierenden Unternehmen negative Folgen – für Mensch und natürliche Mitwelt wäre sie aus den oben genannten Gründen ein Segen. Genau deshalb lehnen die Vertreter der Gentechnik das Vorsorgeprinzip ja als wirtschaftsethische Norm ab.

Das Vorsorgeprinzip ist allerdings nicht dazu gedacht, alle denkbaren Risiken kategorisch auszuschließen. Dem Prinzip der Vorsorge wird vielmehr dann Rechnung getragen, wenn beispielsweise alle potenziell von einer technologischen Neuerung betroffenen gesellschaftlichen Gruppen in einem systematischen Dialogprozess auf Augenhöhe Chancen und Risiken gegeneinander abwägen können, um dann gemeinsam Lösungswege zu entwickeln. Entscheidend ist dabei eine ganzheitliche Betrachtung, die auf der Erkenntnis basiert, dass nichts für sich allein steht, sondern alles miteinander verbunden ist. Diese Einsicht lässt es ratsam erscheinen, bei großtechnologischen Neuerungen, wie es vor Jahrzehnten die Atomtechnologie war und heute das Feld der Biotechnologien ist, äußerste Vorsicht walten zu lassen (vgl. Rapp 1999; Hubig et al. 2001).

Das Prinzip *Verantwortung* als zweite Leitlinie nachhaltigen Wirtschaftens wurde ebenfalls von Hans Jonas detailliert begründet und in seiner Bedeutung für die moderne, technikorientierte Lebensführung dargestellt (vgl. Jonas 1979). Die Bereitschaft, Verantwortung zu übernehmen, ist die Grundvoraussetzung für jedes ethisch motivierte Handeln und bezieht immer auch den Grundsatz der Generationengerechtigkeit als dritte Leitlinie der Nachhaltigkeit mit ein (vgl. Gottwald 2012, S. 157): Zukünftige Generationen dürfen keine schlechteren Bedingungen vorfinden als die heute lebenden.

Diese Maxime ist beispielsweise auch im Konzept der »starken Nachhaltigkeit« enthalten (vgl. Ott/Döring 2008), das Konrad Ott entwickelt hat, der Greifswalder Umweltethiker, der die wirtschaftsethischen Diskurse in Deutschland wie kein anderer vorangetrieben hat. Ott definiert das Prinzip *Generationengerechtigkeit* – die dritte Leitlinie für ein nachhaltiges Wirtschaften, das wir als Alternative zur Bioökonomie empfehlen möchten – als regulatives Prinzip, das hilft, zwischen nachhaltigem und nichtnachhaltigem Handeln zu unterscheiden (vgl. Ott 2000). Für die Landwirtschaft als Hauptaktionsfeld der Bioökonomie bedeutet ein Handeln gemäß des Prinzips der Generationengerechtigkeit: Rohstoffe, Produktionsmittel, Bodenfruchtbarkeit, Wasserressourcen und genetische Ressourcen sind für nachkommende Generationen zu bewahren (vgl. Gottwald 2012, S. 158). Es ist ethisch nicht zu rechtfertigen, die Ernährung der derzeit lebenden Menschen zu sichern, ohne zugleich die Lebensgrundlagen künftiger Generationen im Blick zu behalten. Aber genau dies geschieht bei allen großtechnologischen Eingriffen in den Naturhaushalt, wie sie von der Bioökonomie forciert werden. Eine solche Privilegierung heute lebender Generationen diskriminiert zukünftige Generationen und verbietet sich ebenso wie das Anlegen unterschiedlicher Wertmaßstäbe hinsichtlich der Religionszugehörigkeit, der ethnischen Herkunft oder des Geschlechts (vgl. von Egan-Krieger et al. 2007).

Auch die bereits erwähnte Externalisierung der Folgekosten betrifft die Generationengerechtigkeit: Die beispielsweise bei der Herstellung industrieller Agrargüter entstehenden Umwelt- und sozialen Kosten werden bisher der Gesellschaft aufgebürdet, um den Preis von Produkten oder Dienstleistungen niedrig zu halten. Der Steuerzahler und die nachfolgenden Generationen tragen die Kosten für die Schäden, die so in den Bereichen Artenvielfalt, Umwelt, Klima und Gesundheit entstehen. Landwirtschaftliche Betriebe, die zu »ehrlichen« Preisen produzieren, die also Umwelt- und soziale Kosten in ihren Preisen berücksichtigen (wie dies beispielsweise die ökologische Land- und Lebensmittelwirtschaft tut), werden durch vor allem Großbetrieben zugutekommende Subventionen sowie Absatzförderungen oder Marktordnungen, die auf die Bedürfnisse der industriellen Produktion zugeschnitten sind, deutlich benachteiligt.

Generationengerechtigkeit ist nicht nur ein Grundelement der Nachhaltigkeit, sondern zugleich ein evolutionäres Prinzip, denn sie trägt dafür Sorge, das Überleben der Menschen auf dem Planeten Erde zu sichern. Langfristig wird die menschliche Existenz vom Erhalt der Böden und natürlichen Lebensräume, von der Verfügbarkeit sauberen Wassers und der Vielfalt der genetischen Ressourcen abhängen. Diese werden von der Agrarindustrie allerdings systematisch zerstört – mit gravierenden Auswirkungen für die Ernährungssicherheit heutiger und zukünftiger Generationen. Die Bioökonomie verstärkt und beschleunigt diese Zerstörung zusätzlich.

Die vierte und für das Überleben auf dem Planeten Erde wahrscheinlich wichtigste Leitlinie nachhaltigen Wirtschaftens ist der Erhalt der *Biodiversität.* Dieser Begriff bezeichnet nicht nur die Fülle an Arten, Biotopen und Lebensräumen, sondern auch die vielfältigen und komplexen Interaktionen und Wechselwirkungen zwischen ihnen. Nur eine hohe Diversität innerhalb des Genpools ermöglicht Anpassungsleistungen, die den Lebewesen auch durch die Klimaveränderungen in immer stärkerem Maße abgefordert werden (vgl. Gottwald/Boergen 2011b). Doch die Agrarindustrie hat mit ihren massiven Eingriffen in die Natur (monokultureller Anbau, bodenversiegelnde Infrastrukturmaßnahmen, hoher Einsatz externer Betriebsmittel wie Agrochemie oder nichtorganischer Dünger) bereits jetzt zu einem bedrohlichen Artensterben und einer dramatischen Abnahme der Agrobiodiversität geführt.

Das belegt auch eine 2004 vom Bundesministerium für Bildung und Forschung im Rahmen des Schwerpunkts »Sozial-ökologische Forschung« geförderte Studie, die das Wechselverhältnis von Umwelt und Landwirtschaft sowie die praktische Implementierung von Biodiversitätsstrategien sowie Evaluierungsmaßnahmen unter dem Titel *Agrobiodiversität entwickeln!* analysiert hat (Institut für ökologische Wirtschaftsforschung et al. 2004). Untersucht wurden auf der Basis von Literaturstudien und Experteninterviews unter anderem auch die vorherrschenden ökonomischen, politischen, rechtlichen und institutionellen Rahmenbedingungen für den Erhalt von Biodiversität. Als wichtigsten Verursacher für den Verlust der Agrobiodiversität identifizierte die Studie die industrielle Landwirtschaft. Zurückgeführt wird dies in erster Linie auf strukturelle Gegebenheiten (etwa die monopolartige Konzentration von Firmen und die Armut von Arten und Genen auf dem Saat- und Zuchtgutmarkt) sowie den verbreiteten Einsatz von Agrochemikalien (Herbiziden, Fungiziden, Insektiziden, Kunstdünger). Als verstärkendes Moment werden zudem die Konzentrationsprozesse in Verarbeitung und Handel sowie die vorherrschenden Abnahmepraktiken genannt.

In den vergangenen 100 Jahren sind allein in Europa 75 Prozent der Nutzpflanzenarten verschwunden (vgl. Niebel 2010). Die Welternährungsorganisation geht ferner davon aus, dass 20 Prozent der Nutztierrassen akut vom Aussterben bedroht sind (FAO 2008). Heute bilden nur noch rund zehn Pflanzenarten und fünf Nutztierrassen die Basis für die globale, industriell gestaltete Ernährung. In Indien etwa wurden Anfang des 19. Jahrhunderts noch mehr als 30.000 verschiedene Reissorten angebaut, heute sind es gerade einmal 30.

Diese Artenverarmung hat fatale Folgen, wie ein Beispiel aus den siebziger Jahren veranschaulicht: Damals wurde von Indien bis Indonesien fast die komplette Reisernte durch ein aggressives Virus zerstört. Daraufhin wurden mehr als 6000 Reissorten, die es im Gegensatz zu heute zu jener Zeit noch gab, auf eine Resistenz gegen das Virus getestet. Nur eine einzige Sorte von ihnen besaß die gesuchte genetisch angelegte Immunität (ebd.). Hätte es damals genauso wenige Reissorten gegeben wie heute, wäre die Wahrscheinlichkeit, eine gegen das Virus resistente Sorte zu finden, deutlich geringer gewesen. Und die große Hungersnot in Irland in den vierziger Jahren des 19. Jahrhunderts fiel nicht zuletzt deshalb so dramatisch aus, weil in Irland nur zwei Kartoffelsorten angebaut wurden, die beide für die damals grassierende Knollenfäule empfänglich waren.

Mitverantwortlich für die Artenverarmung ist die Zentralisierung des von wenigen Konzernen beherrschten Zuchtgutmarkts: Viele der agrarindustriell genutzten Pflanzensorten und Tierrassen sind Hybride,[29] die durch Kreuzung zweier reinerbiger Inzuchtlinien als F1-Hybride bereits in der zweiten Generation die gewünschten Eigenschaften nicht mehr aufweisen. Auf diese Weise werden die Bauern zum Kauf immer neuen Saat- und Samengutes gezwungen und an die Hersteller gebunden. In der Pflanzenzucht dominieren heute drei Saatguthersteller den Weltmarkt: 53 Prozent des Saatgutes werden von dem US-Konzern Monsanto (27 Prozent), dem US-Agrarriesen DuPont/Pioneer (17 Prozent) und dem Schweizer Hersteller Syngenta (9 Prozent) vermarktet (Erklärung von Bern/Forum Umwelt und Entwicklung 2012, S. 10). In der Tierzucht gibt es beispielsweise für den Bereich der industriellen Legehennenhaltung nur noch zehn Lieferanten für weibliche Küken, und gerade einmal vier Unternehmen beliefern den Weltmarkt mit Küken, die der industriellen Hühnermast zugeführt werden (ebd., S. 7). Die auf internationale Zentralisierung, industrielle Normierung und auf eine hoch intensivierte industrielle Agrarproduktion statt auf Lokalisierung, Dezentralisierung, Biodiversität und ökologische Landwirtschaft setzende Bioökonomie wird diese Situation eher noch verschärfen.

Auch der Weltlandwirtschaftsrat kritisiert die Konzentration des Zuchtgutmarktes auf einige wenige Anbieter. Dadurch würden Forschung und Entwicklung auf wenige Sorten und Rassen begrenzt; zudem hätten neue Firmen am Weltmarkt kaum eine Chance, was durch den fehlenden Wettbewerb zu erheblichen Preissteigerungen führen könne. Ein anschauliches Beispiel für letzteren Punkt bietet die Preisentwicklung seit der Einführung gentechnisch veränderter Baumwolle in den USA (ebd., S. 10).

29 Bei Hybriden wurde die Elternlinie über Generationen hinweg durch erzwungene Selbstbefruchtung reinerbig gemacht, damit die gewünschten Eigenschaften in jedem Fall an die Nachkommen weitergegeben werden.

Das Verschwinden genetischer Ressourcen wird in Zukunft also unmittelbare Auswirkungen auf die Sicherheit der Welternährung haben (vgl. Gottwald/Boergen 2011b). Es ist insofern nicht zuletzt aus Gründen der Ernährungs- sowie der Generationengerechtigkeit notwendig, den Schutz der Biodiversität auch als normativ verankertes Prinzip anzuerkennen, an dem sich zukunftsentscheidende wissenschaftlich-technische und soziokulturelle Entwicklungen messen lassen müssen.

Bezeichnenderweise betreffen Hunger und Mangelernährung in den Entwicklungsländern schon heute überwiegend die Landbevölkerung. Sie ist in Zeiten der globalen Klimaerwärmung mehr denn je auf Pflanzensorten und Tierrassen angewiesen, die über eine hohe lokale Anpassungsfähigkeit verfügen. Deshalb gilt es, mit einer Biodiversitätsstrategie traditionelle Bewirtschaftungsmethoden und lokal angepasste Sorten und Tierrassen zu erhalten und die Landwirtschaft unter Rückgriff auf innovative und umweltverträgliche Low-Input-Methoden weiterzuentwickeln.

Die Maxime Biodiversität wird in der Landwirtschaft mit agrarökologischen Technologien der symbiotischen Landwirtschaft,[30] mit Mischkultur-Ansätzen im Pflanzenbau, mit Agroforstwirt-

30 Die symbiotische Landwirtschaft bietet ein Konzept der gemeinsamen Haltung verschiedener Tierarten wie Rinder, Schafe, Schweine, Hühner, Gänse und Puten, die in einem mobilen Koppelsystem symbiotisch miteinander leben. Die Tiere leben auf Ackerflächen, die mit Nahrungspflanzen für sie bepflanzt werden, d. h. die Tiere suchen sich ihr Futter selbst. Gleichzeitig dient diese Haltungs- und Anbauform der Anreicherung des Bodenlebens. Und die Tiere profitieren gegenseitig voneinander: Die Hühner beispielsweise befreien die Schweine von Parasiten, während die Schweine die Hühner vor Fressfeinden schützen (vgl. etwa {http://www.tierisch-gut-leben.info}).

schaft[31] und Permakultur[32] innovativ und nachhaltig verwirklicht. Diese Methoden des Land- und Pflanzenbaus bieten erprobte und bewährte Alternativen zur Agrarindustrie der Bioökonomie und betreiben im Gegensatz zu ihr einen polykulturellen Anbau.[33] Die breitflächige wirtschaftliche Umsetzung dieser Ansätze und die Abkehr von industriellen Monokulturen sowie ihren ökologischen und sozialen Folgeschäden, unter denen vor allem der Landbau in Entwicklungs- und Schwellenländern zu leiden hat, ist also möglich.

Alternativen in der Wissenschaft: ökologisch-systemische Forschung

Vordenker wie der Biochemiker und Kybernetiker Frederic Vester haben, beeinflusst vom Club of Rome und seinem Bericht *Die Grenzen des Wachstums*, schon vor Jahrzehnten für neue Schwerpunktsetzungen in Wissenschaft und Forschung plädiert, welche

31 Die Agroforstwirtschaft baut mehrjährige Hölzer und landwirtschaftlich genutzte Pflanzen auf derselben Fläche an. Sie ist insbesondere in waldreichen subtropischen Gebieten ökologisch von Vorteil und zeichnet sich durch eine hohe Artenvielfalt, einen stabilen Wasserhaushalt und einen guten Erosionsschutz aus (vgl. etwa {http://www.agroforst.uni-freiburg.de}).

32 Die Permakultur basiert auf der Entwicklung von langfristigen und nachhaltigen Kreisläufen nach dem Vorbild der Natur. Alle Ressourcen sollen ökologisch, ökonomisch und sozial nachhaltig genutzt werden. Dabei geht die Permakultur über die reine Landwirtschaft hinaus und integriert auch Themen wie Bau, Verkehr, Energieversorgung und soziale Gemeinschaften (vgl. etwa Whitefield et al. 2007).

33 Die Polykultur ist ein Gegenkonzept zur Monokultur und betreibt den Anbau von Mischkulturen, verschiedenen Pflanzensorten und unterschiedlichen Fruchtfolgen (vgl. {http://www.polykulturen.ch}).

die Erkenntnisse aus Klimaforschung und Geobiologie sowie das Wissen um die systemischen Abhängigkeiten und Wechselwirkungen in Natur und Gesellschaft berücksichtigen. Mit seinem ganzheitlichen kybernetischen Ansatz legte Frederic Vester (vgl. Vester 1980; 1983; 1999) die Basis für eine ökologisch-systemische Forschung, die geeignet ist, die Komplexität von Regelungs-, Steuerungs- und Rückkopplungsmechanismen zu erfassen. Die von Vester durchgeführten Systemstudien zu einer zukunftsfähigen ökologischen Landwirtschaft etwa haben die Brauchbarkeit der Biokybernetik für die landbauliche Praxis belegt und sind zum Beispiel in die Herrmannsdorfer Landwerkstätten eingeflossen, ein wettbewerbsfähiges Lebensmittelunternehmen im Osten von München (vgl. Gottwald 2008; Vester 1986).

Um die Jahrtausendwende wurde unter dem damaligen Bundeskanzler Gerhard Schröder die Forschung zur Agrarökologie als einer Wissenschaft mit Leitbildcharakter für die landbauliche Praxis sowie die sozialökologische Forschung verstärkt gefördert.[34] Die Disziplin Agrarökologie widmet sich Interaktionen und Interdependenzen innerhalb und zwischen agrarisch bewirtschafteten Ökosystemen, Tieren sowie Pflanzen und untersucht – vom Einzellebewesen bis zum Ökosystem – Wechselwirkungen und Dynamiken. Dabei spielen auch ethische, sozialökonomische und landschaftskulturelle sowie klimatologische Aspekte zunehmend eine Rolle. Agrarökologie umfasst die Analyse der Funktio-

34 Dazu gehörte beispielsweise das 2001 gegründete Bundesprogramm Ökologischer Landbau und andere Formen nachhaltiger Landwirtschaft (BÖLN), vormals Bundesprogramm Ökologischer Landbau (BÖL), das die Rahmenbedingungen für nachhaltige Bewirtschaftungssysteme verbessern sollte, ferner die Sozial-ökologische Forschung (SÖF), die 1999 im Rahmen der Forschung für Nachhaltige Entwicklungen (FONA) als Teil der Nachhaltigkeitsstrategie der Bundesregierung ins Leben gerufen wurde.

nen und Leistungen ganzer Ökosysteme unter Anwendung moderner Methoden wissenschaftlichen Arbeitens, man denke etwa an biologische Standorterkundungen oder den Einsatz geografischer Informationssysteme, pflanzensoziologische oder tierethologische Analysen sowie Systemstudien zu einzelnen Lebewesen (Pflanzen, Tieren, Menschen) in abgrenzbaren Bioregionen.[35]

Die sozialökologische Forschung wiederum leistet methodisch gesicherte Beiträge zur Lösung gesellschaftlicher Probleme in den Bereichen Umwelt-, Natur-, Tier- und Verbraucherschutz. Auch sie ist eine angewandte Wissenschaft, deren Erkenntnisse der Weiterentwicklung und Umsetzung ökologisch tragfähiger Konzepte dienen und zu einem Mehr an sozialer Gerechtigkeit führen sollen. Als Disziplin arbeitet die sozialökologische Forschung eng mit den Sozial-, Gesellschafts- und Kulturwissenschaften zusammen. Sozialökologische Herausforderungen wie der Ressourcenschutz, eine sozial verträgliche Energiewende oder sozial verantwortbare Reaktionen auf die Auswirkungen von Klimawandel und Wasserknappheit zählen ebenso zu ihren Themen wie gesellschaftspolitische Fragen im Hinblick auf die Stärkung der Demokratie und des bürgerschaftlichen Engagements bei der Bewältigung von Zukunftsaufgaben. Die sozialökologische Forschung trägt dazu bei, lebensweltliche Probleme unter Einbeziehung gesellschaftlicher Akteure wie Bürgern, Kommunen und Wirtschaftsunternehmen zu lösen.

In Deutschland ist die Sozial-ökologische Forschung (SÖF) innerhalb des beim Bundesministerium für Bildung und Forschung angesiedelten Rahmenprogramms Forschung für Nach-

35 Solche Ansätze verfolgt beispielsweise die Stiftung Europäisches Naturerbe EURONATUR, die grenzüberschreitend Studien zum Arten- und Naturschutz in ganz Europa betreibt, Wissen bündelt und Netzwerke knüpft sowie auf europäischer Ebene politisch aktiv ist.

haltige Entwicklungen (FONA) verankert. Hintergrund für seinen Start im Jahr 1999 war insbesondere die Kritik an der zuvor ausschließlich naturwissenschaftlich-technischen Forschungsorientierung, die den Menschen und seine Bedürfnisse weitgehend ausklammerte. Hier wollte man gezielt gegensteuern und eine Brücke zu sozialen und kulturellen Belangen schlagen. Auf der Website der SÖF heißt es dazu:

> »Die Sozial-ökologische Forschung (SÖF) versteht sich als akteurs- und problemorientierter Forschungstyp, bei dem Nachhaltigkeitsprobleme an der Schnittstelle zwischen Gesellschaft und Natur bearbeitet werden. Analysiert werden einerseits Materialflüsse, andererseits gesellschaftliche Transformationen mit dem Ziel, Handlungsstrategien für eine nachhaltigere Zukunft zu entwickeln.« (FONA 2013a)

Die SÖF unterstützt Projekte innerhalb der drei Schwerpunkte Infrastruktur-, Nachwuchs- und thematische Verbundförderung. Im Bereich Infrastruktur sollen nationale und internationale Institute auf dem Feld der Umwelt- und Nachhaltigkeitsforschung miteinander vernetzt, Wissen generiert, transferiert und systematisch aufbereitet sowie transdisziplinäre Ansätze erarbeitet und analysiert werden. Im Rahmen der Nachwuchsförderung wird seit 2009 unter anderem an dem Projekt »Fair Fuels?« geforscht. Hintergrund sind dabei die vielfältigen sozialen und ökologischen Konflikte hinsichtlich der Biokraftstoffproduktion. Zu nennen wären dabei etwa Nahrungsmittelkonkurrenz, zweifelhafte Klimabilanzen, Landnutzungswechsel, Zerstörung kleinbäuerlicher Strukturen, Enteignungen, fehlende politische Rahmenbedingungen wie Zertifizierungen und Standards sowie die Schaffung von Produktionsflächen auf ehemaligen Wald- und Schutzgebieten. »Fair Fuels?« soll diese Konfliktfelder und ihre transnationalen Wirkungen interdisziplinär analysieren.

Der dritte Schwerpunkt der SÖF, die thematische Verbundförderung, greift »aktuelle gesellschaftliche Probleme auf, die sich aufgrund von Zielkonflikten zwischen Gesellschaft, Wirtschaft und Umwelt ergeben« (FONA 2013b). Kernthemen sind hier die sozialen Auswirkungen des Klimawandels (Gesundheit, Bauwesen, Arbeitswelt, etc.) sowie Fragen zum nachhaltigen Konsum und zur Energieeinsparung.

Die entsprechenden Projekte werden vom Bundesministerium für Bildung und Forschung mit jährlich rund zehn Millionen Euro gefördert – eine überaus bescheidene Summe angesichts der Milliarden, die in die Projekte der Bioökonomie fließen. Doch gerade im Bereich der sozialökologischen Forschung besteht ein gravierender Förderungsbedarf, um zukunftsfähige lokale und regionale Initiativen (Erproben von Alternativen im Landbau, in der Energieversorgung, in der Ernährungssicherung, bei Mobilitätsdienstleistungen oder bei Gebäudesanierungen sowie Unterstützung kommunaler oder zivilgesellschaftlicher Akteure), die dem Anspruch der Nachhaltigkeit tatsächlich gerecht werden, gemeinsam mit Wissenschaft und Forschung voranzubringen. Gelungene Beispiele hierfür sind Großprojekte wie das langjährige Forschungsvorhaben »Ernährungswende« (vgl. Eberle et al. 2006) oder öffentlich geförderte Studien zu einem »zukunftsfähigen Deutschland« (Brot für die Welt et al. 2008).

Auch das in Deutschland, Österreich und der Schweiz vertretene Forschungsinstitut für biologischen Landbau (FiBL) führt agrar- und sozialökologische Studien durch, die sich ganzheitlich-systemischen Alternativen zu der gentechniklastigen und agrartechnologischen Forschung widmen, die von den Vertretern der Biotechnologie favorisiert wird. Unabhängig von den machtpolitisch bedingten Großwetterlagen im Bereich der Wissenschafts- und Forschungsförderungen durch nationale Regierungen erbringt das FiBL agrar- und sozialwissenschaftliche Leistungen für die ökologische Land- und Lebensmittelwirtschaft, und zwar in Forschung *und* Praxis. Das FiBL unterteilt seinen Aufgaben- und Wirkungsbereich in vier Säulen: Wissenstransfer, Erarbeitung von Konzepten zur Stärkung der ökologischen Landwirtschaft, wissenschaftliche Unterstützung und Begleitung von Akteuren sowie Vernetzung von Akteuren (vgl. FiBL 2013). Zur Zielgruppe des Instituts gehören Landwirte, Agrarwissenschaftler, Verarbeiter und Konsumenten. Eine enge Kooperation mit anderen Einrichtungen[36] und ein interdisziplinärer Ansatz sorgen dafür, dass das FiBL dem breiten Spektrum an Forschungsfeldern rund um die ökologische Landwirtschaft gerecht wird.

Interessant ist auch die Internetdatenbank OrganicXseeds für ökologisches und gentechnikfreies Saat- und Pflanzgut, die das FiBL seit 2004 betreibt. Daneben koordiniert es im Rahmen des Netzwerks Ökologische Pflanzenzüchtung die Diskussion und den Austausch zwischen Anbauern, Züchtern, Forschenden und der politischen Administration über Visionen, Impulse und Weichenstellungen für eine zukünftige ökologische Pflanzenzucht und führt begleitende Versuche zu Sortenprüfung und Anbaueignung durch. Weitere Projekte fördern beispielsweise den Anbau und die Vermarktung traditioneller Sorten, Maßnahmen zum Ressourcen- und Wasserschutz oder Schulungen von Landwirten in Afrika, um dort eine nachhaltige Sicherung der Ernährungsgrundlagen zu gewährleisten.

36 Das FiBL Deutschland ist beispielsweise Fördermitglied im Bund Ökologische Lebensmittelwirtschaft (BÖLW) sowie Mitglied des internationalen Ökolandbau-Dachverbands IFOAM (International Federation of Organic Agriculture Movements) und unterhält feste Kooperationen mit dem Büro Lebensmittelkunde & Qualität sowie dem Fachbereich Ökologischer Land- und Pflanzenbau der Universität Kassel.

Alternative Wirtschaftsansätze und -projekte, die eigentlich der Staat unterstützen sollte, werden zudem von Non-Profit-Organisationen finanziert, die entsprechende Studien in Auftrag geben und teilweise auch selbst Forschung betreiben. Der BUND, Greenpeace, die Verbraucherschutzorganisation Foodwatch oder Initiativen wie die vom BUND und der Arbeitsgemeinschaft bäuerliche Landwirtschaft (AbL) getragenen »Gentechnikfreien Regionen« unterstreichen mit Informationskampagnen und wissenschaftlichen Gutachten immer wieder die Notwendigkeit einer unabhängigen Forschung und Risikoabschätzung in Bezug auf neue Technologien. Die Freiheit der Forschung ist zwar im Grundgesetz verankert, aber sie gerät nicht zuletzt durch die wachsende Abhängigkeit der Universitäten von Drittmitteln sowie aufgrund der Besetzung von Fachgremien mit Vertretern aus Industrie und Handel verstärkt unter Druck. Zumindest auf dem Gebiet der Risikoforschung und Evaluation von Biotechnologien gibt es mit Testbiotech eine Einrichtung, die sich durch eigenständige Forschung, Fachgutachten und kritische Bewertungen von Patentverfahren fachlich profiliert und ihre Unabhängigkeit durch mutige Gegenpositionen unter Beweis gestellt hat.

Das Beispiel Testbiotech zeigt ebenso wie andere kleine Initiativen und Stiftungen (etwa die Nexus Foundation in Genf, die sich einer gerechteren Welternährung verschrieben hat), dass auch mit sehr begrenzten finanziellen Mitteln unabhängige und allgemein zugängliche Forschung möglich ist, die gesamtgesellschaftliche Debatten aufgreifen und weiterentwickeln kann. Es wird Zeit, dass solche im Interesse der gesamten Gesellschaft agierenden Institutionen auch vom Staat anerkannt und gefördert werden.

Leitlinien einer Nachhaltigkeit fördernden Forschung
Entscheidend für eine Forschung, welche die Umsetzung nachhaltiger Projekte unterstützen will, ist zunächst einmal ihre finanzielle Unabhängigkeit von Unternehmen mit Monopolstellung, die gegenläufige Interessen vertreten, was dann, wie oben am Beispiel der Risikobewertung von Gentechnik beschrieben, leicht zu Gefälligkeitsgutachten führt und die in der Verfassung verankerte Freiheit der Wissenschaft gefährdet. Hier ist vor allem die Politik gefordert, die ihre Leitlinien zur Besetzung von Fachgremien durch staatliche Koordinationsbehörden sowie die einseitige Vergabe von Fördermitteln zuungunsten einer alternativen Forschung dringend korrigieren muss.

So wurden etwa die Gelder für das noch unter der rot-grünen Regierung aufgelegte Bundesprogramm Ökologischer Landbau und andere Formen nachhaltiger Landwirtschaft (BÖLN)[37] mit agrar- und sozialökologischem Zuschnitt massiv gekürzt, während gleichzeitig immense Mittel für die Förderung bioökonomischer Projekte freigegeben wurden. Ziel des BÖLN ist es, die Rahmenbedingungen für die ökologische Landwirtschaft zu verbessern. Es ist Teil der Nachhaltigkeitsstrategie der Bundesregierung und wird vom Bundesministerium für Ernährung, Landwirtschaft und Verbraucherschutz finanziert. Koordination und Umsetzung erfolgen in der Bundesanstalt für Landwirtschaft und Ernährung (BLE) in Bonn. Zielgruppen der Schulungs-, Aufklärungs- und Informationsmaßnahmen des BÖLN sind nicht nur Erzeuger, Verarbeiter und Handel, sondern auch Verbraucher, Lehrer, Medien und andere Multiplikatoren. Gerade deshalb ist dieses Programm auch sozialökologisch relevant. Dennoch wurde die finanzielle Ausstattung des BÖLN deutlich

37 Ursprünglich Bundesprogramm Ökologischer Landbau (BÖL).

reduziert: Während 2003 noch jährlich 35 Millionen Euro in das Programm flossen, beträgt das jährliche Budget heute nur noch 16 Millionen Euro. Eine außerordentlich geringe Summe, zumal wenn man bedenkt, dass auch diejenigen deutschen Forschungsvorhaben aus dem schmalen Budget gefördert werden, die im Rahmen der transnationalen Ökolandbau-Forschung Coordination of European Transnational Research in Organic Food and Farming (ERA-NET CORE Organic) durchgeführt werden. Auch die EU-Initiative European Research Area Network (ERA-NET) dient der Vernetzung der Forschungsfördereinrichtungen der EU-Staaten.[38]

Als eine Antwort auf diese politisch gewollte Mittelknappheit wurde der Verbund Ökologische Praxisforschung (V.Ö.P.) gegründet. Er besteht aus den drei Bioanbauverbänden Bioland, Naturland und Demeter sowie den beiden privaten Forschungs- und Bildungseinrichtungen FiBL und Stiftung Ökologie & Landbau (SÖL). Der Verbund agiert als unmittelbare Schnittstelle zwischen Forschung und Praxis und zielt darauf ab, die Herausforderungen und praxisrelevanten Probleme innerhalb der ökologischen Landwirtschaft gezielt zu erfassen und, unterstützt auch mit Mitteln aus der ökologischen Land- und Lebensmittelwirtschaft, innovative Lösungen zu erarbeiten. Kernbereich der Aktivitäten des V.Ö.P. sind die Forschung und Entwicklung, aber auch Fortbildungsveranstaltungen und Nachwuchsförderungsprogramme.

Solche Initiativen sind löblich, entbinden jedoch die Politik nicht von ihrer Pflicht, im Interesse der von ihr regierten Bürger nach Alternativen zu den bisherigen Wegen der landwirtschaft-

38 Vgl. für detaillierte Informationen zum BÖLN {http://www.bundesprogramm-oekolandbau.de}.

lichen Forschung zu suchen, die vor allem der Agrarindustrie dient, deren verheerende Auswirkungen oben skizziert wurden. Von den falschen, von uns im Kapitel »Wozu Bioökonomie? Nutzenversprechen und Realität« widerlegten Versprechen der Vertreter der Bioökonomie vereinnahmt, tut die Politik im Moment aber genau das Gegenteil.

Zudem muss sich die Forschung von der mechanistischen, linearlogischen Sichtweise befreien, die wir im Unterkapitel »Der Irrweg der Bioökonomie: Denkfehler im System« beschrieben haben, da diese die oft sprunghaften und weder berechen- noch steuerbaren Entwicklungen in der natürlichen Mitwelt nicht erfassen kann und daher ausblendet. Das hat, wie dargelegt, fatale Fehleinschätzungen und eine mangelhafte Risikobewertung zur Folge. Dringend notwendig ist hingegen ein systemisch-ganzheitliches Denken, das die komplexen Vernetzungs- und Rückkopplungszusammenhänge in der Natur zu erfassen vermag. Die oben beschriebenen Projekte und Pioniere weisen hierfür die Richtung.

Politik als Förderer nachhaltiger Alternativen

Damit sich Alternativen in Wirtschaft, Wissenschaft und Forschung herausbilden können, ist die Politik gefordert, wirksame und sozial gerechte Rahmenbedingungen in Form finanzieller Anreize oder gesetzlicher Normen zu schaffen, die Märkte auf das Gemeinwohl hin ausrichten. Wie oben dargelegt, wird der Bioökonomie derzeit durch eine politisch gewollte und mit den Mitteln der Forschungs- und Wirtschaftspolitik geförderte Weichenstellung der Boden bereitet. Erhofftes Wirtschaftswachstum und die angestrebte technologische Vorreiterrolle für Deutschland und Europa sind die Motive einer Politik, die – in Form von Fördermitteln für Wissenschaft und Wirtschaft – entsprechende Anreize schafft. Doch wie gezeigt, sind die Versprechen der Bioökonomie längst durch die Realität widerlegt. Daher ist ein Umsteuern oder zumindest ein Offenhalten von Alternativen dringend geboten.

Die aktuelle Gesetzeslage und die politischen Rahmenbedingungen und Förderinstrumente sind jedoch kaum geeignet, Alternativen zur Bioökonomie zu entwickeln und beispielsweise die überlebenswichtige Artenvielfalt in der Natur, auf dem Feld und im Stall zu fördern. Dazu wäre es seitens der Politik notwendig, das Vorsorge- und Verursacherprinzip auch innerhalb der Tier- und Pflanzenzucht als Grundsatz deutscher Umweltpolitik zuzulassen. Denn das Vorsorgeprinzip fordert ein vorbeugendes Handeln vor allem dann, wenn wissenschaftliche Unsicherheiten bestehen und irreversible Folgen zu befürchten sind, wie dies im Bereich der Agrobiodiversität seit Jahrzehnten der Fall ist.

Als Alternative zu der sich unter dem Dach der Bioökonomiepolitik verstärkenden Monopolbildung bietet sich die Gestaltung einer nachhaltig lebenswerten Zukunft an, wie sie das Wuppertal Institut 2008 in seiner Studie *Zukunftsfähiges Deutschland in einer globalisierten Welt* umrissen hat (vgl. Brot für die Welt et al. 2008). Dort werden beispielsweise Schritte zu einer energieeffizienten Wirtschaft beschrieben, die zunächst einmal auf intelligente Einsparungen und Effizienzsteigerungen setzt, um so einer Zunahme des Energieverbrauchs zu begegnen:

> »In der Energiepolitik führt zunächst nichts an konsequenten Einsparstrategien vorbei, insbesondere über Gebäudesanierung, Modernisierung von Industrieanlagen und Innovationen bei Geräten. Sodann stehen sowohl die Dekarbonisierung

der Energieträger als auch eine weitgehende Dezentralisierung der Energieproduktion auf der Tagesordnung. Das bedeutet vor allem den intensiven Ausbau der erneuerbaren Energien sowie eine kapillare Produktionsstruktur, einschließlich der großflächigen Nutzung der Kraft-Wärme-Kopplung in Kleinkraftwerken und Nahwärmenetzen. Und da bei solar-vernetzer Struktur der Energieerzeugung die Strom- und Gasnetze für eine Vielzahl von Kleinproduzenten zugänglich sein müssen, gehören sie als ein natürliches Monopol in die öffentliche Hand. Im Verkehr [...] geht es um scharf herabgesetzte Verbrauchsstandards [...]. Die öffentlichen Verkehrssysteme erhalten wieder Vorrang und werden strategisch ausgebaut. Im Luftverkehr wird neben einer substanziellen Kerosinsteuer eine Deckelung der Starts und Landungen unumgänglich. Für die Landwirtschaft ist der Rückzug aus der energieintensiven Bewirtschaftung der Felder überfällig. Ökologische Landwirtschaft, die auf Mineraldünger und Pestizide verzichtet [...], wird so gefördert, dass sie in wenigen Jahrzehnten die Intensivbewirtschaftung ablöst. Ölknappheit und Klimachaos verlangen [...] den Übergang zu einer regenerativen Land- und Viehwirtschaft.« (Ebd., S. 603 f.)

Die Studie umreißt aber auch politisch notwendige Maßnahmen hin zu einer ökologisch orientierten und sozial gerechten Weltwirtschaft:

- Menschenrechts- und Umweltverträglichkeit als normative Grundlage internationaler Beziehungen einführen;
- Abschaffung von Exportbeihilfen, die ärmere Länder benachteiligen;
- Umgestaltung bilateraler Handelsbeziehungen zugunsten von Menschenrechten und Umweltschutz und der Verwirklichung von Ernährungssouveränität in den Entwicklungsländern;

– Bindung transnationaler Unternehmen an soziale und ökologische Standards (ebd., S. 605 f.).

Eine Beschreibung ganzheitlicher politischer Rahmensetzungen, die auf den Erhalt von Naturkapital und die Entfaltung von sozialem und kulturellem Vermögen ausgerichtet sind, enthält auch das Programm, das der US-amerikanische Umweltanalytiker und Publizist Lester R. Brown in seinem Buch *Plan B 4.0* präsentiert (Brown 2008). Im Rückgriff auf seine Erfahrungen als Farmer, Agrarpolitiker und Gründer des Worldwatch sowie des Earth Policy Institute umreißt der Agrarwissenschaftler die derzeitigen umwelt-, klima-, ernährungs-, struktur- und sozialpolitischen Herausforderungen und beschreibt gangbare politische Wege zur Lösung der wichtigsten Engpässe in Wirtschaft, Gesellschaft und Kultur.

Sowohl Lester R. Brown als auch die Autoren der Studie *Zukunftsfähiges Deutschland* vertreten ein neues Modell des qualitativen Wachstums und erklären, dass eine alternative Form des Wirtschaftens keinesfalls Wachstum verbietet, sondern lediglich eine andere Schwerpunktsetzung erfordert, die Gemeinwohl und Lebensqualität in den Vordergrund stellt:

> »Für eine wirkliche Kurswende müssen Effizienz und Konsistenz durch eine Politik der Suffizienz oder Selbstbegrenzung ergänzt werden. [...] Eine Gesellschaft, die zukunftsfähig werden will, muss den herrschenden Wachstumsimperativ zur Disposition stellen. [...] Das bedeutet nicht: Kein Wachstum. Wachsen kann und soll alles, was zugleich der Nachhaltigkeit und der Lebensqualität dient, wie etwa Energie- und Materialeffizienz, erneuerbare Energien, Ökolandwirtschaft und fairer Handel. Schrumpfen soll dagegen, was die Übernutzung von Ressourcen und die Überlastung der Umwelt sowie die Risikoverlagerung begünstigt oder den sozialen Zusammenhalt be-

schädigt – nukleare und fossile Energien, der Flug- und Pkw-Verkehr, spekulative Finanzprodukte oder die Verschuldung armer Länder.« (Brot für die Welt et al. 2009, S. 18)

Einige dieser Alternativen wachsen bereits. Der Umsatz der Öko-Lebensmittelbranche nimmt stetig zu, 2012 durchbrach er in Deutschland erstmalig die Sieben-Milliarden-Euro-Grenze (Oekolandbau.de 2013). Auch der faire Handel verzeichnet seit Jahren einen Zuwachs im zweistelligen Bereich. Mittlerweile profitieren weltweit etwa sechs Millionen Kleinbauern, Arbeiter und deren Familienmitglieder von den verbesserten Arbeits- und Lebensbedingungen durch die Fairtrade-Zertifizierung (Fairtrade Deutschland o. J.).

Die Studie *Zukunftsfähiges Deutschland* beschreibt anhand konkreter Beispiele die vielfältigen positiven Wirkungen regionalen, vernetzten Wirtschaftens, insbesondere für die Landwirtschaft. Dabei wird deutlich, dass sich zum Umsteuern ein regionaler Ansatz empfiehlt, weil die Umsetzung sozial, ökologisch und ökonomisch tragfähiger Alternativen auf dieser Ebene wesentlich leichter zu verwirklichen ist als im globalen Maßstab. Die räumliche Nähe der einzelnen Akteure führt schließlich zu effizienteren Produktketten, kürzeren Transportwegen, sie eröffnet Möglichkeiten der Direktvermarktung über lokale Märkte oder Hofläden und fördert die Kooperation der Landwirte, Verarbeiter, Vermarkter, und Verbraucher (Brot für die Welt et al. 2009, S. 28).

Hinsichtlich einer globalen Perspektive sind Umwelt- und Sozialstandards, faire Löhne, soziale Sicherungssysteme und Geschlechtergerechtigkeit *die* politischen Baustellen – Themen, die von den Vertretern der Bioökonomie geflissentlich übergangen werden. Doch die global agierenden Unternehmen werden sich zukünftig ihrer Verantwortung nicht entziehen können und politisch in die Pflicht genommen werden. Die unsäglichen Zustände in landwirtschaftlichen oder hortikulturellen Produktionsstätten in den Schwellen- und Entwicklungsländern (kein ausreichender Schutz im Umgang mit Agrochemikalien, fehlende Arbeitsschutzbestimmungen, zu lange Arbeitszeiten, Verbot von Gewerkschaften etc.) machen nicht nur ein Nachbessern bei den politischen Rahmenbedingungen erforderlich, sondern auch ein unternehmerisches Agieren im Sinne nachhaltiger Entwicklung, weil den betreffenden Unternehmen sonst ein massiver Imageschaden droht. Die Sensibilität der Öffentlichkeit für diese Themen wächst, wie die Reaktionen auf die Brände mit zahlreichen Toten in Textilfabriken in Bangladesch 2012 und 2013 zeigen. Um die globalen Produktionsbedingungen zu verbessern, kooperieren NGOs und Gewerkschaften bereits mit Unternehmen und staatlichen Behörden in Multi-Stakeholder-Initiativen. Beispiele für derartige Initiativen sind der Forest Stewardship Council (FSC), der ein Zertifikat für nachhaltig gewonnenes Holz vergibt, sowie die 1997 gegründete Global Reporting Initiative (GRI), die weltweit standardisierte Richtlinien für unternehmerische Nachhaltigkeitsberichte entwickelt, die mittlerweile von vielen Firmen genutzt werden und zu deutlichen ökologischen und sozialen Verbesserungen geführt haben. Wird jedoch die Bioökonomie vorangetrieben, welche die Entwicklungs- und Schwellenländer vorrangig als Lieferanten billig erzeugter »Biomasse« betrachtet und entsprechend die Auflösung der dort noch vielfach vorherrschenden kleinbäuerlichen Höfe und ihre Zusammenfassung zu zentralisiert geführten Großbetrieben forciert, so dürfte dies der weiteren Entwicklung solcher Initiativen kaum förderlich sein.

Leitlinien einer alternativen Politik der Nachhaltigkeit

Die drei Leitlinien einer Politik der Förderung nachhaltiger Alternativen zu einer großindustriellen Machtagglomeration lauten: *Effizienz*, *Konsistenz* und *Suffizienz*.

Effizienz zielt auf einen effizienteren Einsatz von Material und Energie bei der Herstellung und dem Vertrieb von Produkten und Dienstleistungen beziehungsweise auf das Inverkehrbringen eines Gutes mit einem geringeren Ressourceneinsatz. Ein optimaler Einsatz von Material und Energie führt zu einem geringeren Ressourcenverbrauch bei gleichem Produkt oder zu mehr Produkt bei gleichem Ressourceneinsatz.

In der Studie *Zukunftsfähiges Deutschland* wird die ökologische Herausforderung klar benannt:

> »Es geht [...] darum, in etwa 50 Jahren in den Industrieländern eine Reduktion des fossilen Material- und Energiedurchsatzes um einen Faktor zehn – also um 80 bis 90 Prozent – zu erreichen. Nur dann lässt sich ein globaler Rückbau der gegenwärtigen CO_2-Emissionen um 60 Prozent erzielen. Und die größeren Anstrengungen im Norden sind wegen des gebotenen Gerechtigkeitsausgleichs mit den Südländern notwendig. Angesichts dieser hoch anspruchsvollen Zielmarke würde ein konstantes Wirtschaftswachstum schwindelerregende Dauerleistungen in ökologischer Produktivität erfordern, wie ein Rechenexperiment zeigt. Schon wenn das reale Bruttoinlandsprodukt über die nächsten 50 Jahre nur fortgeschrieben würde, also in einer Wirtschaft ohne Wachstum, müsste sie jedes Jahr eine Steigerung der Energieproduktivität von 4,5 Prozent zustande bringen, um eine Reduktion ihrer fossil-stofflichen Ressourcen um 90 Prozent zu erreichen. Bei einer weiter wachsenden Wirtschaft sind entsprechend stärkere Fortschritte nötig.« (Brot für die Welt et al. 2008, S. 104f.)

Eine Effizienzsteigerung kann auf verschiedene Weise erreicht werden: durch den Einsatz verbesserter Materialien, Verfahren und Technologien, optimierte Organisationsprozesse oder Vermeidung von Abfall- und Reststoffen durch Recycling und geschlossene Stoffkreisläufe. Die oben aufgeführten Beispiele alternativen Wirtschaftens gemäß dem Cradle-to-Cradle-Ansatz und der Blue Economy belegen, dass dies machbar und keinesfalls utopisch ist.

Eine zweite Leitlinie nachhaltiger politischer Rahmensetzung bietet der *Konsistenz*-Ansatz, der eine Anpassung von Innovationen an die Kreisläufe der Natur verlangt. Konsistenz erfordert die Vereinbarkeit von Natur und Technik,

> »etwa dadurch, dass Reinigungsmittel oder Verpackungen aus unbedenklichen erneuerbaren Ressourcen hergestellt werden. [...] Industrielle Stoffwechselprozesse dürfen die natürlichen nicht stören. Beide sollen einander möglichst ergänzen oder gar verstärken. Damit sind sie ein unverzichtbarer Teil einer zukunftsfähigen Entwicklung« (ebd., S. 107f.).

Da aber auch die dem Kriterium der Konsistenz entsprechenden Produkte Ressourcen verbrauchen und mit Emissionen verbunden sind, sollten sie durch *Suffizienz*-Strategien als dritter Leitlinie für eine neue Wirtschaftspolitik ergänzt werden. Suffizienzstrategien setzen auf Selbstbeschränkung in Wachstum und Konsum und ziehen eine Verlangsamung einer weiteren Beschleunigung vor. Beispiele für Suffizienz liefern ein reduzierter Konsum von Produkten tierischer Herkunft durch eine verstärkte vegetarische oder vegane Lebensweise, der Eigenanbau von Lebensmitteln in Projekten des Urban Farming, Versorgungsgemeinschaften und solidarische Landwirtschaft,[39] Nahrungsmittel-Tauschbörsen,

39 Solidarische Landwirtschaft bezeichnet die enge Kooperation von Ver-

Fahrgemeinschaften, Carsharing oder eine dezentrale Energieversorgung.

Alexandra Palzkill und Uwe Schneidewind nennen vier Kriterien praktischer Suffizienzstrategien (Palzkill/Schneidewind 2013): Entrümpelung, Entschleunigung, Entflechtung und Entkommerzialisierung. Entrümpelung meint die »Reduktion der Anzahl und Vielfalt konsumierter/erworbener Produkte« (Schneidewind/Palzkill 2011, S. 11). Sämtliche Formen des gemeinschaftlichen Gebrauchs von Gegenständen oder die weitere Nutzung von nicht mehr benötigten Gütern via Tauschbörsen und Flohmärkten wären Beispiele für diesen Teil einer Suffizienzstrategie.

Entschleunigung bezeichnet die Entdeckung der Langsamkeit – nicht nur im Sinne eines bewussten Umgangs mit der Ressource Zeit, sondern auch im Sinne einer Reduktion der Konsumfrequenz. Die weltweite Bewegung Slowfood etwa hat sich der Entschleunigung im Bereich des Essens verschrieben: Mehr Zeit für die Auswahl und Zubereitung der Zutaten sowie mehr Zeit für Genuss sollen die kulturelle Dimension des Essens wiederbeleben und die Lebensqualität steigern.

Entflechtung meint die »Vereinfachung und Regionalisierung von Wertschöpfungsketten« (ebd.). Anders ausgedrückt: Bedürfnisse und Nachfrage sollen dort befriedigt werden, wo sie entstehen, etwa durch die lokale Vermarktung von Lebensmitteln oder eine dezentrale Energieversorgung.

Entkommerzialisierung schließlich steht für die Wiederentdeckung der mehrheitlichen Eigenproduktion. Beispiele hierfür finden sich in nahezu allen Lebensbereichen, von gemeinschaft-

brauchern und Produzenten. Die Verbraucher bekommen im Gegenzug für eine zeitliche festgelegte Abnahmegarantie Einblick in und Einfluss auf die Produktion. Verschiedene Konzepte hierzu werden vorgestellt in Gottwald/Boergen 2012.

lich bewirtschafteten Nutzgärten über den Tausch von Dienstleistungen wie Reparaturarbeiten bis hin zur gegenseitigen Hilfe in Mehr-Generationen-Wohnhäusern.

Was auch immer man von einzelnen Projekten halten mag – die Zukunftsforscher am Wuppertal Institut, am Earth Policy Institute oder auch bei der Stiftung Futurzwei, die der Soziologe und Klimafolgenforscher Harald Welzer leitet, sind sich einig, was die Bedeutung und die Dringlichkeit eines politisch geförderten Wandels hin zur Suffizienz anbelangt. So heißt es in der Studie des Wuppertal Instituts:

> »Es wäre fahrlässig davon auszugehen, dass Dematerialisierung und Naturverträglichkeit allein ausreichen, um eine Volkswirtschaft mit einem sehr viel kleineren ökologischen Fußabdruck ins Werk zu setzen. Weniger Ressourcen pro Einheit an Wirtschaftsleistung einzusetzen ist ein Kernstück ökologischen Wirtschaftens; wenn aber die gesamte Wirtschaftsleistung unablässig ansteigt, werden Effizienzeffekte durch Mengeneffekte zunichtegemacht. Ressourceneffizienz schützt nicht vor Übermaß. Auch eine rationell organisierte Wirtschaft kann bei fortgesetztem Wachstum vom Gesamtumfang der Ressourcenansprüche her zu schwer für die Biosphäre werden. […] [I]nsbesondere die Bodenfläche für Bioenergie und -materialien lässt sich kaum ausweiten, ohne Nahrungsproduktion und Naturschutz zu gefährden. […] Sowohl Dematerialisierung wie Naturverträglichkeit verfehlen ihr Ziel, wenn nicht das Prinzip der Selbstbegrenzung an ihre Seite tritt.« (Brot für die Welt et al. 2008, S. 232 f.)

Im Hinblick auf die Leitlinien einer alternativen Politik der Nachhaltigkeit ist auch die Arbeit des World Future Council (WFC, auch Weltzukunftsrat) interessant, der von Jakob von Uexküll, dem Stifter des alternativen Nobelpreises und ehemaligen EU-Abgeordneten, und dem Stadtentwickler Herbert Girardet gegründet wurde. Der in Hamburg ansässige Rat identifiziert mit Unterstützung von Wissenschaftlern, Parlamentariern und zivilgesellschaftlichen Organisationen weltweit nachhaltige, der Generationengerechtigkeit und der Effizienz, Konsistenz und Suffizienz verpflichtete Politikansätze, fördert ihre Implementierung auf internationaler, nationaler und regionaler Ebene und unterstützt politische Entscheidungsträger bei der konkreten Umsetzung zukunftsgerechter Maßnahmen.

Unter anderem hat der WFC eine Methodologie für eine zukunftsgerechte Gesetzgebung entwickelt, die Gesetzgeber bei der Konzeption, Evaluation und Novellierung von Gesetzen unterstützen soll. Sie basiert auf den 2002 von der International Law Association entwickelten sieben Rechtsprinzipien, die einer nachhaltigen Entwicklung dienen:

1. die staatliche Pflicht zur Sicherstellung einer nachhaltigen Nutzung natürlicher Ressourcen; hier wird insbesondere darauf geachtet, ob ein zu bewertendes Gesetz tatsächlich eine gerechte und nachhaltige Ressourcennutzung sichert und ob auch zukünftige Herausforderungen (z.B. Klimawandel, Überfischung, Artensterben) berücksichtigt werden;
2. das Prinzip der Gleichheit und der Beseitigung von Armut; der WFC prüft, inwieweit ein Gesetz faktisch die Menschenrechte schützt und geeignet ist, Armut zu reduzieren oder zu beseitigen; darüber hinaus wird festgestellt, ob auch die soziale Gerechtigkeit, die Gleichstellung der Geschlechter und die Rechte der indigenen Bevölkerung sowie die der nachfolgenden Generationen beachtet werden;
3. die Anwendung des Vorsorgeprinzips auf die menschliche Gesundheit, natürlichen Ressourcen und Ökosysteme; das betreffende Gesetz muss eine angemessene Vorsorge gegenüber möglichen Risiken treffen und diese wissenschaftlich absi-

chern lassen, die Last des Risikos gerecht verteilen (Verursacherprinzip) und der Zivilbevölkerung eine angemessene Wahlmöglichkeit in Bezug auf potenzielle Risiken gewähren;

4. das Prinzip der öffentlichen Teilhabe und des Zugangs zu Informationen und Rechtsmitteln; das Gesetz muss entsprechende Möglichkeiten der Bürgerbeteiligung und einen offenen Zugang zu Informationen ebenso vorsehen wie die Möglichkeit, Revision einzulegen und im Falle einer möglichen Beeinträchtigung eine Entschädigung einzuklagen;
5. eine verantwortungsvolle Regierungsführung und innere Sicherheit; hier wird geprüft, ob das Gesetz Institutionen vorsieht, die mit der Durchführung und Durchsetzung des Gesetzes betraut sind, ob Strategien zur friedlichen Konfliktbewältigung enthalten sind und ob Korruption und Machtmissbrauch wirkungsvoll verhindert werden;
6. die Integration insbesondere von Menschenrechten sowie sozialen, wirtschaftlichen und ökologischen Aspekten; der Rat prüft, ob und inwieweit das jeweilige Gesetz den Umweltschutz, die soziale Gerechtigkeit und die ökonomische Stabilität berücksichtigt, ob ökologische und soziale Aspekte entsprechend reflektiert werden und ob das Gesetz zu messbaren Verbesserungen führt;
7. das Prinzip der Gemeinsamkeit; das Gesetz muss mögliche historisch begründete Ungleichheiten beachten, wenn Verpflichtungen auferlegt werden; weiterhin prüft der WFC, ob lokale Gegebenheiten und Bedarfslagen in Bezug auf die Verfügbarkeit von Technologien, Ressourcen, Traditionen und Werten beachtet und ob Kosten zuungunsten der Ärmsten und Schutzbedürftigen minimiert werden (vgl. World Future Council o. J.).

Diese Prinzipien zur Gestaltung von Gesetzen und Verordnungen finden schon heute in einzelnen Ländern Beachtung, was durch den vom WFC seit 2009 jährlich vergebenen Future Policy Award honoriert wird. Mit diesem Preis werden weltweit Gesetze ausgezeichnet, die »bessere Lebensbedingungen für heutige und zukünftige Generationen fördern« und so die »Schaffung gerechter, nachhaltiger und friedvoller Gesellschaften unterstützen« (World Future Council 2013).

2009 vergab der WFC seinen Preis beispielsweise an Belo Horizonte (die Hauptstadt des brasilianischen Bundesstaates Minas Gerais) für ihre Gesetzgebung zur Umsetzung einer Politik der Ernährungssicherung. Belo Horizonte verabschiedete 1993 das kommunale Gesetz Nr. 6352, das jedem Bürger der Stadt das Recht auf ausreichend gute und nachhaltig produzierte Lebensmittel zusichert. Ein Gremium aus Bürgern, Kirchen- und Wirtschaftsvertretern unterstützt die Stadtverwaltung bei der Implementierung der Maßnahmen. Zu diesen gehören neben der Förderung lokaler Märkte und Produzenten auch die Bereitstellung kostenloser Schulessen sowie mit öffentlichen Mitteln unterstützte Restaurants, eine Aufklärungskampagne zu Gesundheits- und Ernährungsfragen und die Subventionierung von Grundnahrungsmitteln. Der überaus große Erfolg dieser Maßnahmen spricht für sich: Die Kindersterblichkeit konnte um 60 Prozent reduziert werden, die Unterernährung um 75 Prozent und die Zahl der in Armut lebenden Menschen um ein Viertel (World Future Council 2009).

Ferner hat der WFC alternative Forstpolitiken zur Förderung eines nachhaltigen Waldmanagements ausgezeichnet, 2011 etwa das Nationale Waldprogramm der ruandischen Regierung, das bemerkenswerte Erfolge erzielt hat: Die umfangreichen Pflanz- und Aufforstungsaktionen haben zu einer Zunahme der Walddecke um 37 Prozent geführt, konnten die Bodenerosion signifikant verringern und die Versorgung der lokalen Bevölkerung mit Wasser und lebensnotwendigen Gütern wie Früchten und Baumholz verbessern.

2012 wurde der Future Policy Award für die wirksamste Politik zum Schutz der Weltmeere an die Republik Palau vergeben. Der mikronesische Inselstaat wurde für zwei marine Gesetzesinitiativen geehrt: erstens für den Protected Areas Network Act zur Vernetzung von Schutzgebieten (darunter Korallenriffe, Lagunen, Mangroven und ein Schutzgebiet für Sardinen); zweitens für den Shark Haven Act, der die über 100 verschiedenen Haiarten in den palauischen Meeresgebieten durch ein Befischungsverbot schützt und der gegen den massiven Widerstand der Fischereiflotten durchgesetzt wurde. Das Land engagiert sich außerdem für die verbindliche Einführung internationaler Regelwerke zum Schutz von Haien, etwa durch ein Verbot des Handels mit Haiprodukten und des Finnings, einer Praktik, bei der den Tieren bei vollem Bewusstsein die Flossen abgeschnitten werden, worauf sie dann, schwimmunfähig geworden, zurück ins Meer geworfen werden. Der Shark Haven Act von Palau dient mittlerweile etlichen Ländern (darunter Honduras, die Malediven und die Bahamas) als Vorbild, die ähnliche Gesetze zum Verbot des Haifischfangs erlassen haben.

All diese Beispiele zeigen: Eine Politik, die sich anders als die Bioökonomie an den Leitlinien der Steigerung von Effizienz, Konsistenz und Suffizienz ausrichtet und durch klare Vorgaben und Zielsetzungen ein den Prinzipien der Vorsorge, der Verantwortung, der Generationengerechtigkeit sowie der Biodiversität verpflichtetes Forschen und Wirtschaften fördert, ist möglich. Die der Politik hierfür zur Verfügung stehenden Steuerungsmechanismen sind vielfältig und reichen vom Ordnungs- über das Steuer- bis zum Planungsrecht. Daher wäre es politisch fahrlässig, nicht auf Alternativen zur Bioökonomie zu setzen.

Literatur

acatech (2012), »acatech POSITION: Perspektiven der Biotechnologie-Kommunikation. Kontroversen – Randbedingungen – Formate«, online verfügbar unter: {http://www.acatech.de/de/publikationen/publikationssuche/detail/artikel/acatech-position-perspektiven-der-biotechnologie-kommunikation-kontroversen-randbedingungen.html} (Stand: Februar 2013).

AgrarBündnis e. V. (2013) (Hg.), »Editorial«, in: *Der Kritische Agrarbericht 2013*, herausgegeben von AgrarBündnis e. V., Hamm: AbL Bauernblatt Verlags-GmbH, S. 3.

Albrecht, Stephan/Manuel Gottschick/Markus Schorling/Susanne Stirn (2012), »Bio-Ökonomie: Gesellschaftliche Transformation ohne Verständigung über Ziele und Wege?«, BIOGUM Forschungsbericht, *FG Landwirtschaft* 2012/27, Hamburg: Universität Hamburg.

Altner, Günter (1993), »Seelenleben der Pflanzen – Grundsätze und Perspektiven einer umfassenden Bioethik«, in: *Tier – Pflanze – Mensch. Eingebundensein und Verantwortung*, herausgegeben von Helga Egner, Düsseldorf: Walter Verlag S. 131-152.

BASF (2011), »BASF gibt Meilensteine der neuen Agricultural Solutions-Strategie bekannt«, Presseerklärung vom 8. November 2011, online verfügbar unter: {http://www.basf.com/group/pressemitteilungen/P-11-491} (Stand: September 2013).

Bateson, Gregory (1981), *Ökologie des Geistes. Anthropologische, psychologische, biologische und epistemologische Perspektiven*, Frankfurt am Main: Suhrkamp.

Bateson, Gregory (1982), *Geist und Natur. Eine notwendige Einheit*, Frankfurt am Main: Suhrkamp.

Baumgart, Michael/William McDonough (2002), *Cradle-to-Cradle. Re-Making the Way We Make Things*, New York: North Point Press.

Benbrook, Charles (2009), *Impacts of Genetically Engineered Crops on Pesticide Use in the United States. The First Thirteen Years*, Boulder: The Organic Center.

Berger, Roland/Hans-Gerd Servatius (1994), *Die Zukunft des Autos hat erst begonnen. Ökologisches Umsteuern als Chance*, München: Piper.

Bergstedt, Jörg (2011), *Monsanto auf Deutsch. Seilschaften der Agro-Gentechnik zwischen Firmen, Behörden, Lobbyverbänden und Forschung – von Aachen bis Rostock,* Flensburg: SeitenHieb-Verlag.

Bioökonomierat (2010), *Gutachten des Bioökonomierats* 2010. Innovation Bioökonomie, Berlin: Forschungs- und Technologierat Bioökonomie (BÖR).
Bioökonomierat (2011), *Prioritäten in der Bioökonomie-Forschung*, Berlin: Forschungs- und Technologierat Bioökonomie (BÖR).
Bioökonomierat (2012), *Die Zukunft im Sektor Lebensmittel, Ernährung und Gesundheit*, Berlin: Forschungs- und Technologierat Bioökonomie (BÖR).
Bioökonomierat (2013), »Was ist der Bioökonomierat?«, online verfügbar unter: {http://www.biooekonomierat.de/biooekonomierat.html} (Stand: Februar 2013).
BioSC (2013), »BioSC – Expertise, Wissen und Technologie für eine nachhaltige Bioökonomie«, online verfügbar unter: {http://www.biosc.de} (Stand: Februar 2013).
Biosicherheit.de (2011), »Die gefundenen Umwelteffekte liegen innerhalb des Spektrums konventioneller Sorten«, online verfügbar unter: {http://www.biosicherheit.de/aktuell/1311.statusseminar-sicherheitsforschung-gentechnisch-veraenderte-pflanzen.html} (Stand: September 2013).
Biotechnologie.de (2013), »NRW-Verbund BioSC: Turbolader für die Bioökonomie«, online verfügbar unter: {http://www.biotechnologie.de/BIO/Navigation/DE/root,did=122562.html?listBlId=74462&} (Stand: Februar 2013).
Birkel, Kathrin (2013), »Kranke Tiere – kranke Menschen? Antibiotikaeinsatz in der Tierhaltung erschwert die medizinische Versorgung beim Menschen«, in: *Der Kritische Agrarbericht 2013*, herausgegeben von AgrarBündnis e.V., Hamm: AbL Bauernblatt Verlags-GmbH, S. 269-272.
Blue Economy (2013), »Blue Economy«, online verfügbar unter: {http://www.blueeconomy.de/page/blueeconomy} (Stand: Mai 2013).
BMBF (Bundesministerium für Bildung und Forschung) (2001), *Die Humangenomforschung in Deutschland*, Bonn: BMBF Publik.
BMBF (2010a), »Führende Genomforscher wollen Bioökonomie antreiben«, online verfügbar unter: {http://www.biotechnologie.de/BIO/Navigation/DE/Service/suche,did=110806.html} (Stand: September 2013).
BMBF (2010b), *Nationale Forschungsstrategie BioÖkonomie* 2030. Unser Weg zu einer biobasierten Wirtschaft, Bonn und Berlin: BMBF.

BMBF (2011a), »Aktuelle Forschung liefert keine Belege für ökologische Schäden«, Pressemitteilung 041/2011 vom 30. März 2011, online verfügbar unter: {http://www.bmbf.de/press/3066.php} (Stand: September 2013).
BMBF (2011b), »Bekanntmachung des Bundesministeriums für Bildung und Forschung von Richtlinien zur Förderung im Rahmen der Innovationsinitiative industrielle Biotechnologie«, online verfügbar unter: {http://www.bmbf.de/foerderungen/16331.php} (Stand: September 2013).
BMBF (2012a), *Die Deutsche Biotechnologie-Branche*, Berlin: BMBF.
BMBF (2012b), »Grundlage des Lebens und einer nachhaltigen Wirtschaft«, Pressemitteilung 063/2012 vom 18. Mai 2012, online verfügbar unter: {http://www.bmbf.de/press/3281.php?hilite=Bio%F6konomie%2C+Energie} (Stand: Februar 2013).
BMBF (2013), »Bekanntmachung des Bundesministeriums für Bildung und Forschung von Förderrichtlinien zum Aufbau von Kapazitäten in der Synthetischen Biologie durch transnationale Forschungsprojekte innerhalb des ERA-NETs ERASynBio« (3. Mai 2013), online verfügbar unter: {http://www.bmbf.de/foerderungen/21941.php} (Stand: Mai 2013).
BMELV (Bundesministerium für Ernährung, Landwirtschaft und Verbraucherschutz) (2011), *Agrarpolitischer Bericht der Bundesregierung 2011*, Berlin: BMELV.
BMELV, BMBF, BMU und BMWi (2012), *Die Bundesregierung: Roadmap Bioraffinerien im Rahmen der Aktionspläne der Bundesregierung zur stofflichen und energetischen Nutzung nachwachsender Rohstoffe*, Berlin: BMELV, BMBF, BMU und BMWi.
BMU (Bundesumweltministerium) (2008) (Hg.), *Schutz der Biodiversität. Zahlen, Beispiele und Argumente*, Berlin: BMU.
Bode, Thilo (2010), »Functional Food ist eine Täuschung«, Interview mit Veronika Szentpétery, in: *Spiegel Online* vom 24. Oktober 2010, online verfügbar unter: {http://www.spiegel.de/wissenschaft/mensch/verbraucherschuetzer-thilo-bode-functional-food-ist-eine-taeuschung-a-723197.html} (Stand: März 2013).
Boldt, Joachim/Oliver Müller/Giovanni Maio (2009), *Synthetische Biologie. Eine ethisch-philosophische Perspektive*, Bern: EKAH.
Bommert, Wilfried (2012), *Bodenrausch*, Berlin: Eichborn Verlag.
Bøhn, Thomas/Raul Primicerio/Dag O. Hessen/Terje Traavik (2008),

»Reduced Fitness of Daphnia Magna Fed a Bt-transgenic Maize Variety«, in: *Archives of Environmental Contamination and Toxicology* 55/4, S. 584-592.

Bringezu, Stefan (2011), »Balancierte Bioökonomie. Von der Flächenkonkurrenz zur nachhaltigen Zukunftsvision«, Vortrag anlässlich der Veranstaltung *Bioökonomie – Chancen und Begrenzungen* am 12. September 2011, veranstaltet von der Evangelischen Akademie Villigst, VDW und NABU.

Brot für die Welt/EED/BUND (2008) (Hg.), *Zukunftsfähiges Deutschland in einer globalisierten Welt. Ein Anstoß zur gesellschaftlichen Debatte. Eine Studie des Wuppertal Instituts für Klima, Umwelt, Energie*, Frankfurt am Main: Fischer Verlag.

Brot für die Welt/EED/BUND (2009) (Hg.), *Wegmarken für einen Kurswechsel*, Zusammenfassung der Studie *Zukunftsfähiges Deutschland in einer globalisierten Welt. Ein Anstoß zur gesellschaftlichen Debatte*, herausgegeben vom Wuppertal Institut für Klima, Umwelt, Energie.

Brown, Lester, R. (2008), *Plan B 4.0. So retten wir unsere Welt!*, Berlin: Kai Homilius Verlag.

Bund für Umwelt und Naturschutz Deutschland (BUND) (2013), *Agrarsubventionen: Wer bekommt mein Geld?*, online verfügbar unter: {http://www.bund.net/themen_und_projekte/landwirtschaft/vielfalt_foerdern/hintergrund_subventionen} (Stand: März 2013).

Bundesverfassungsgericht (2010), »Normenkontrollantrag in Sachen ›Gentechnikgesetz‹ erfolglos«, Pressemitteilung 108/2010 zum Urteil vom 24. November 2010, online verfügbar unter: {http://www.bundesverfassungsgericht.de/pressemitteilungen/bvg10-108.html} (Stand: September 2013).

Charisius, Hanno/Richard Friebe/Sascha Karberg (2013), *Biohacking. Gentechnik aus der Garage*, München: Carl Hanser Verlag.

Chido's mushrooms (o. J.), online verfügbar unter: {http://www.frischepilze.com} (Stand: September 2013).

Cluster Industrielle Biotechnologie (CLIB) (2013), »Mitglieder«, online verfügbar unter: {http://www.clib2021.de/clib2021/mitglieder} (Stand: März 2013).

CORDIS (2013), online verfügbar unter: {http://cordis.europa.eu/fp7/home_en.html} (Stand: September 2013).

Denkler, Thorsten (2013) »Deutsche Fleisch-Fabriken werden immer größer«, in: *Süddeutsche Zeitung* (17. Januar 2013), online verfügbar unter: {http://www.sueddeutsche.de/wirtschaft/massentierhaltung-deutsche-fleisch-fabriken-werden-immer-groesser-1.1575786} (Stand: Februar 2013).

Deutscher Bundestag (2009), »Mitglieder, Arbeitsweise, Ziele und Finanzierung des Bioökonomierats«, Antwort der Bundesregierung auf die Kleine Anfrage der Abgeordneten Dr. Kirsten Tackmann, Eva Bulling-Schröter, Dr. Petra Sitte und der Fraktion DIE LINKE. Drucksache 16/12646 (20. April 2009), Berlin: Deutscher Bundestag.

Deutsches Tierschutzbüro (2012), »Bundesregierung fördert Tierqual im Ausland«, online verfügbar unter: {http://www.tierschutzbuero.de/bundesregierung-legebatterien-ukraine/} (Stand: September 2013).

DIB (2010), »Bioökonomie bietet große Chancen für Deutschland. DIB: Alle Erfolgsfaktoren der Biotechnologie verknüpfen«, Presseerklärung vom 20. Mai 2010, online verfügbar unter: {http://www.presseportal.de/pm/20949/1617090/biooekonomie-bietet-grosse-chancen-fuer-deutschland-dib-alle-erfolgsfaktoren-der-biotechnologie} (Stand: Februar 2013).

Eberle, Ulrike / Doris Hayn / Regine Rehaag / Ulla Simshäuser (2006) (Hg.), *Ernährungswende. Eine Herausforderung für Politik, Unternehmen und Gesellschaft*, München: Oekom Verlag.

Egan-Krieger, Tanja von/Konrad Ott/Lieske Voget (2007), »Der Schutz des Naturerbes als Postulat der Zukunftsverantwortung«, in: *Aus Politik und Zeitgeschichte (APuZ)* 24, S. 10-17.

Enríquez-Cabot, Juan (1998), »Genomics and the World's Economy«, in: *Science Magazine* 281, S. 925 f.

Enríquez-Cabot, Juan/Martínez, Rodrigo (2002), »Biotechonomy 1.0. A Rough Map of Biodata Flow«, Harvard Business School Working Paper 03/028.

Enríquez-Cabot, Juan (2003), »Biotechonomy«, online verfügbar unter: {http://www.biotechonomy.com/juan.htm} (Stand: Februar 2013).

EPEA (2013), online verfügbar unter: {http://epea-hamburg.org/index.php?id=165&L=en} (Stand: Mai 2013).

Erklärung von Bern/Forum Umwelt und Entwicklung (2012), *Agropoly. Wenige Konzerne beherrschen die weltweite Lebensmittelproduktion*, Bern: EvB.

EU-Infothek (2012), »Nachhaltige Bioökonomie, ein vorrangiges Ziel für Europa«, online verfügbar unter: {http://www.eu-infothek.com/

article/nachhaltige-biooekonomie-ein-vorrangiges-ziel-fuer-europa} (Stand: Februar 2013).
Europäisches Parlament (2011), *Bewertung der Auswirkungen von Landbesitz und Landaneignung auf die Entwicklung – unter besonderer Berücksichtigung kleiner Betriebe und ländlicher Gebiete*, Brüssel: Generaldirektion Externe Politikbereiche.
European Commission (2005), »New Perspectives on the Knowledge-based Bio-economy. Transforming Life Sciences Knowledge into Knew, Sustainable, Eco-efficient and Competitive Products«, online verfügbar unter: {http://ec.europa.eu/research/conferences/2005/kbb/report_en.html} (Stand: September 2013).
European Commission (2010), »Kommission veröffentlicht Sammlung von Ergebnissen EU-unterstützter Forschung über genetisch veränderte Nutzpflanzen«, Pressemitteilung vom 9. Dezember 2010, online verfügbar unter: {http://europa.eu/rapid/press-release_IP-10-1688_de.htm?locale=de} (Stand: Februar 2013).
European Commission (2012), »Commission proposes strategy for sustainable bioeconomy in Europe«, Pressemitteilung vom 13. Februar 2012, online verfügbar unter: {http://ec.europa.eu/research/bioeconomy/pdf/201202_press_release.pdf} (Stand: Februar 2013).
Fachagentur für Nachwachsende Rohstoffe (2011a), »Anbaufläche für nachwachsende Rohstoffe«, online verfügbar unter: {http://www.nachwachsenderohstoffe.de/presseservice/pressemitteilungen/aktuelle-mitteilungen/aktuelle-nachricht/archive/2011/august/article/anbauflaeche-fuer-nachwachsende-rohstoffe-2011-1} (Stand: März 2013).
Fachagentur für Nachwachsende Rohstoffe (2011b), »2050: 23 Prozent unserer Primärenergie aus heimischer Biomasse möglich«, Pressemitteilung vom 28. April 2011, online verfügbar unter: {http://www.bioenergie.de/service/pressecenter/news-und-presse/aktuelle-nachricht/archive/2011/april/article/2050-23-prozent-unserer-primaerenergie-aus-heimischer-biomasse-moeglich/?tx_ttnews[day]=28&cHash=d4ae75d58ab3b0a9d367a3c6d2ff868e} (Stand: März 2013).
Fairtrade Deutschland (o. J.), »Fairtrade weltweit«, online verfügbar unter: {http://www.fairtrade-deutschland.de/ueber-fairtrade/fairtrade-weltweit/} (Stand: September 2013).
Foer, Jonathan Safran (2010), *Tiere essen*, Köln: Kiepenheuer & Witsch.
FONA (Forschung für Nachhaltigkeit) (2013a), »Der Förderschwerpunkt Sozialökologische Forschung«, online verfügbar unter: {http://

www.sozial-oekologische-forschung.org/de/724.php} (Stand: September 2013).
FONA (2013b), »Thematische Verbundförderung«, online verfügbar unter: {http://www.sozial-oekologische-forschung.org/de/716.php} (Stand: September 2013).
Food and Agriculture Organization (FAO) (2008), *Weltzustandsbericht über tiergenetische Ressourcen für Ernährung und Landwirtschaft*, Rom: FAO.
Forschungsinstitut für biologischen Landbau (FiBL) (2013), »FiBL Deutschland – Wissenschaftlicher Service für den Ökolandbau«, online verfügbar unter: {http://www.fibl.org/de/deutschland/standort-de.html} (Stand: September 2013).
Forschungszentrum Jülich (2011), »Starkes Netzwerk für die Bioökonomie-Forschung«, Pressemitteilung vom 12. September 2011, online verfügbar unter: {http://wwwgsb.fz-juelich.de/SharedDocs/Pressemitteilungen/UK/DE/2011/11-09-12biosc.html} (Stand: September 2013).
Fraunhofer-Institut (2013), »Kuratorium«, online verfügbar unter: {http://www.ime.fraunhofer.de/de/ueber_das_institut/Kuratorium1.html} (Stand: Februar 2013).
Gandorfer, Markus/Andreas Meyer-Aurich/Alois Heißenhuber (2004), »Der Einsatz moderner Informationstechnologien im Pflanzenbau. Ein Beispiel aus der teilflächenspezifischen Stickstoffdüngung«, in: *Zeitschrift für Agrarinformatik* 2/2004, S. 27.
Gandorfer, Markus/Andreas Meyer-Aurich/Alois Heißenhuber (2006), »Wirtschaftlichkeit von Precision Farming«, in: *Rheinische Bauernzeitung*, 25/2006, S. 24-26.
Gen-ethisches Netzwerk (2008a), »Joachim Schiemann«, online verfügbar unter: {http://www.gen-ethisches-netzwerk.de/lexikon/joachim-schiemann} (Stand: September 2013).
Gen-ethisches Netzwerk (2008b), »Inge Broer«, online verfügbar unter: {http://www.gen-ethisches-netzwerk.de/lexikon/inge-broer} (Stand: September 2013).
Gen-ethisches Netzwerk (2008c), »AgroBioTechnikum«, online verfügbar unter: {http://www.gen-ethisches-netzwerk.de/lexikon/agrobiotechnikum} (Stand: Februar 2013).
Gen-ethisches Netzwerk (2008d), »FINAB Verein zur Förderung innovativer und nachhaltiger Agrobiotechnologie«, online verfügbar un-

ter: {http://www.gen-ethisches-netzwerk.de/lexikon/finab} (Stand: Februar 2013).
Gillespie, Ian (2010), »Führende Genomforscher wollen Bioökonomie antreiben«, zitiert nach BMBF (19. Mai.2010), online verfügbar unter: {http://www.biotechnologie.de/BIO/Navigation/DE/Service/suche, did=110806.html} (Stand: Februar 2013).
GIT Labor-Portal (2011), »Marktübersicht Biokunststoffe – Großes Potential im Verpackungsbereich«, online verfügbar unter: {http://www.git-labor.de/news/marktstudien/marktuebersicht-biokunststoffe-grosses-potential-im-verpackungsbereich} (Stand: März 2013).
Gottwald, Franz-Theo (2008), »Ethos und Ethik in der Landwirtschaft. Fallstudie. Vom Wurst-Millionär zum Öko-Visionär«, in: *Ethik in den Lebenswissenschaften*, herausgegeben von Gerhard Wiegleb/Andreas Briese, Münster: Monsenstein & Vannerdat, S. 127-143.
Gottwald, Franz-Theo (2011), *Esst anders! Vom Ende der Skandale. Über inspirierte Bauern, innovative Handwerker und informierte Genießer*, Marburg: Metropolis-Verlag.
Gottwald, Franz-Theo/Isabel Boergen (2011a), »Wer wird die Welt ernähren? Nachhaltige Landwirtschaft als Chance«, in: *Der Hunger der Welt. Ein fatales Politikum*, herausgegeben von Peter Cornelius Mayer-Tasch, Frankfurt am Main: Campus Verlag, S. 191-209.
Gottwald, Franz-Theo/Isabel Boergen (2011b), »Eine Frage der Gerechtigkeit. Vielfalt als normatives Leitbild für Ernährungsgerechtigkeit«, in: *Der Kritische Agrarbericht 2011*, herausgegeben von AgrarBündnis e.V., Hamm: AbL Bauernblatt Verlags-GmbH, S. 255-261.
Gottwald, Franz-Theo/Anke Steinbach (2011), *Nachhaltigkeits-Innovationen in der Ernährungswirtschaft. Von Bio-Pionieren und konventionellen Innovationsführern*, Hamburg: Behr's Verlag.
Gottwald, Franz-Theo (2012), »Ethik und gelebte Werte im Ökolandbau«, in: *Agrarethik – Landwirtschaft mit Zukunft*, herausgegeben von Uwe Meier, Clenze: Agrimedia, S. 149-164.
Gottwald, Franz-Theo/Isabel Boergen (2012), »Ein neues Miteinander. Erfolgsprinzipien für gute Kooperationen in und mit der Landwirtschaft«, in: *Der kritische Agrarbericht 2012*, herausgegeben von AgrarBündnis e.V., Hamm: AbL Bauernblatt Verlags-GmbH, S. 255-260.
Gurian-Sherman, Doug (2009), *Failure to Yield. Evaluating the Performance of Genetically Engineered Crops*, Cambridge: Union of Concerned Scientists Publications.

Haerlin, Benny (2009), »›Business as usual ist keine Option mehr.‹ Weltagrarbericht fordert radikale Wende der Agrarpolitik und -forschung‹, in: *Der Kritische Agrarbericht 2009*, herausgegeben von Agrar-Bündnis e.V., Hamm: AbL Bauernblatt Verlags-GmbH, S. 69-73.

Hambrecht, Jürgen (2010), »Ohne Risiko kein Fortschritt«, Interview mit Frank Stäudner, in: *Wirtschaft & Wissenschaft* 1/2010, S. 27.

Havemann, Inga/Heike Mattusch (2011), »Zwischen Supermarkt und Apotheke. Daten und Fakten zum Functional-Food-Markt«, in: *GoingPublic* 4/2011, S. 28.

Hawken, Paul (1996), *Kollaps oder Kreislaufwirtschaft. Wachstum nach dem Vorbild der Natur*, München: Siedler Verlag.

Holleben, Max von/Michael Pani/Axel Heinemann (2011), *Medizinische Biotechnologie in Deutschland* 2011. Biopharmazeutika: Wirtschaftsdaten und Nutzen der personalisierten Medizin, München: Boston Consulting Group.

Hubig, Christoph/Alois Huning/Günter Ropohl (2001), *Nachdenken über Technik. Die Klassiker der Technikphilosophie*, Berlin: VDI.

IAASTD (2009), *Agriculture at a Crossroads. International Assessment of Agricultural Knowledge, Science and Technology for Development. Global Report*, Washington: Island Press.

Imhoff, Daniel (2010) (Hg.), *CAFO – Concentrated Animal Feeding Operation. The Tragedy of Industrial Animal Factories*, San Rafael: Earth Aware.

Industrieverbund FUGATO e.V. (2004) (Hg.), *Funktionelle Genomanalyse im tierischen Organismus (FUGATO). Innovation für die Tierzucht*, Bonn.

Institut für ökologische Wirtschaftsforschung/Öko-Institut e.V./Schweisfurth-Stiftung/Landesumweltamt Brandenburg/Freie Universität Berlin (2004) (Hg.), *Agrobiodiversität entwickeln! Handlungsstrategien für eine nachhaltige Tier- und Pflanzenzucht*, Berlin: IÖW, online verfügbar unter: {http://www.agrobiodiversitaet.net/download/Agro-Broschuere.pdf} (Stand: September 2013).

Janzing, Bernward (2011), »Mehr Abwärme in die Atmosphäre«, in: *die tageszeitung* (8. Juli 2011), online verfügbar unter: {http://www.taz.de/!74115/} (Stand: September 2013).

Jonas, Hans (1979), *Das Prinzip Verantwortung. Versuch einer Ethik für die technologische Zivilisation*, Frankfurt am Main: Suhrkamp.

Julius Kühn Institut (o.J.), »Precision Farming«, online verfügbar unter:

{http://www.jki.bund.de/no_cache/de/startseite/institute/pflanzenschutz-ackerbau-und-gruenland/arbeitsgruppen/herbologie/precision-farming.html?type=98} (Stand: Januar 2013).

Kälber, Daniela (2011), *Lebendige Gärten. Urbane Landwirtschaft in Kuba zwischen Eigenmacht und angeleiteter Selbstversorgung*, Pieterlen: Peter Lang Verlag.

Kant, Immanuel (1998) [1785], *Grundlegung zur Metaphysik der Sitten*, Ditzingen: Reclam Verlag.

Kempken, Frank (o. J.), »Greenpeace-Studie Welthunger und Gentechnik«, online verfügbar unter: {http://www.uni-kiel.de/Botanik/Kempken/GG-Hunger.shtml} (Stand: September 2013).

Kimbrell, Andrew (2002), *Fatal Harvest. The Tragedy of Industrial Agriculture*, Sausalito: Foundation for Deep Ecology.

Kloepfer, Florian (2011), »Wirtschaftlichkeit von Precision Farming«, Fachvortrag anlässlich der Fachtagung Precision Farming am 6. April 2011, LTZ Augustenberg.

Kramarz, Paulina E./Annette de Vaufleury/Piotr M.S. Zygmunt/Cyrille Verdun (2007), »Increased Response to Cadmium and Bacillus Thuringiensis Maize Toxicity in the Snail Helix Aspersa Infected by the Nematode Phasmarhabditis Hermaphrodita«, in: *Environmental Toxicology and Chemistry* 26, S. 73-79.

Landesgesellschaft Mecklenburg-Vorpommern mbH (2013), online verfügbar unter: {http://www.lgmv.de/objektverwaltung/agrobiotechnikum.php} (Stand: Februar 2013).

Leinfelder, Reinhold (2011), »Das Anthropozän. Jetzt wächst zusammen, was zusammengehört«, online verfügbar unter: {http://www.scilogs.de/wblogs/blog/der-anthropozaniker/allgemein/2011-11-22/zusammenwachsen} (Stand: Februar 2013).

Lopez-Villar, Juan/Bill Freese (2008), *Who Benefits From GM-Crops? The Rise in Pesticide Use*, Amsterdam: Friends of the Earth.

Lovins, Amory/Rocky Mountain Institute (2011), *Reinventing Fire. Bold Business Solutions for the New Energy Era*, Chelsea: Green Publishing White River Junction; Zusammenfassung online verfügbar unter: {http://www.rmi.org/reinventingfire} (Stand: Mai 2013).

Lüpke, Geseko/Peter Erlenwein (2010), *Projekte der Hoffnung. Der Alternative Nobelpreis. Ausblicke auf eine andere Globalisierung*, München: Oekom Verlag.

Marcinowski, Stefan (2011), Rede in seiner Funktion als Vorsitzender der

Deutschen Industrievereinigung Biotechnologie (DIB) zur DIB-Jahrespressekonferenz am 25. Mai 2011 in Frankfurt am Main, online verfügbar unter: {https://www.vci.de/Downloads/Rede%20Dr.%20Mar cinowski.pdf} (Stand: September 2013).

Mayer-Tasch, Peter Cornelius (2011) (Hg.): *Der Hunger der Welt. Ein fatales Politikum*, Frankfurt am Main: Campus Verlag.

Mitteldeutscher Rundfunk (MDR) (2013), »Agrarsubventionen«, online verfügbar unter: {http://www.mdr.de/sachsenspiegel/massentierhal tung100_page-3_zc-c0952f36.html} (Stand: Februar 2013).

Mees, Carolin (2012), »Urbane Landwirtschaft wird für Architekten Routine werden«, Interview mit Joe Nasr, in: *Bauwelt* 39, S. 20 f.

Merk, Kurt-Peter (2011), »Am Tropf. Der Welthunger und der Versuch, ihn zu stillen«, in: *Der Hunger der Welt. Ein fatales Politikum*, herausgegeben von Peter Cornelius Mayer-Tasch, Frankfurt am Main: Campus Verlag, S. 114-130.

Meyer-Abich, Klaus Michael (1988), *Wissenschaft für die Zukunft. Holistisches Denken in ökologischer und gesellschaftlicher Verantwortung*, München: C. H. Beck Verlag.

Meyer-Abich, Klaus Michael (1997) (Hg.), *Vom Baum der Erkenntnis zum Baum des Lebens. Ganzheitliches Denken der Natur in Wissenschaft und Wirtschaft*, München: C. H. Beck Verlag.

Meyer-Renschhausen, Elisabeth / Renate Müller / Petra Becker (2002) (Hg.), *Die Gärten der Frauen. Zur sozialen Bedeutung von Kleinstlandwirtschaft in Stadt und Land weltweit*, Herbolzheim: Centaurus Verlag.

Meyer-Renschhausen, Elisabeth (2004), *Unter dem Müll der Acker. Community Gardens in New York City*, Königstein: Ulrike Helmer Verlag.

Migge, Thomas (2008), »Europas unnütze Lebensmittelwächter sitzen im italienischen Parma«, in: *Oberbadisches Volksblatt* (2. Juli 2008), S. 3.

Mooney, Pat (2010), *Next Bang! Wie das riskante Spiel mit Megatechnologien unsere Existenz bedroht*, München: Oekom Verlag.

Müller, Christa (2011) (Hg.), *Urban Gardening. Über die Rückkehr der Gärten in die Stadt*, München: Oekom Verlag.

Nationale Akademie der Wissenschaften Leopoldina (2012) (Hg.), *Bioenergie: Möglichkeiten und Grenzen*, Berlin.

Niebel, Dirk (2010), »Der entwicklungspolitische Wert der Vielfalt. Bio-

diversität und Ernährungssicherung«, Rede anlässlich der Auftaktveranstaltung zum Jahresthema von KfW und GTZ »Vielfalt – Impuls für Entwicklung« am 24. Februar 2010, Berlin.
Niggli, Urs (2010), »Streit um die neuen Bauernregeln«, in: *Die Zeit* (10. Juli 2010), online verfügbar unter: {http://www.zeit.de/2010/28/N-Ackerbau-Interview} (Stand: Februar 2013)
OECD (2009), »The Bioeconomy to 2030. Designing a Policy Agenda. Main Findings and Policy Conclusions«, online verfügbar unter: {http://www.oecd.org/sti/futures/long-termtechnologicalsocietalchallenges/42837897.pdf} (Stand: August 2013).
Oekolandbau.de (2013), »Bioumsatz durchbricht 2012 die 7-Milliarden-Marke«, online verfügbar unter: {http://www.oekolandbau.de/haendler/marktinformationen/marktdaten/bioumsatz-durchbricht-2012-die-7-milliarden-marke} (Stand: September 2013).
Oliveira, Aurelice B./Carlos F. H. Moura/Enéas Gomes-Filho/Claudia A. Marco/Laurent Urban/Maria Raquel A. Miranda (2013), »The Impact of Organic Farming on Quality of Tomatoes Is Associated to Increased Oxidative Stress during Fruit Development«, in: *PLOS ONE* 8/2, online verfügbar unter: {http://www.plosone.org/article/info%3Adoi%2F10.1371%2Fjournal.pone.0056354} (Stand: Mai 2013).
Organic Plastics (2008), »Biokunststoffe«, online verfügbar unter: {http://www.organic-plastics.com/biokunststoffe} (Stand: März 2013).
Ott, Konrad (2000), »Lässt sich das Nachhaltigkeitskonzept auf Wissen anwenden?«, in: *VDI Zukunftsdialoge*, herausgegeben von Christoph Hubig, Berlin: VDI, S. 299-313.
Ott Konrad/Ralf Döring (2008), *Theorie und Praxis starker Nachhaltigkeit*, Marburg: Metropolis Verlag.
Palzkill, Alexandra/Uwe Schneidewind (2013), »Entrümpelung, Entschleunigung, Entflechtung und Endkommerzialisierung. Suffizienz als Business Case«, in: *Ökologisches Wirtschaften* 1, S. 23-24.
Pauli, Günter (2012), *Blue Economy. 10 Jahre – 100 Innovationen – 100 Millionen Jobs*, Berlin: Konvergenta.
Petschow, Ulrich (2011), *Bioökonomie. Können neue Technologien die Energieversorgung und die Welternährung sichern?*, Berlin: NABU.
Pfiffner, Lukas / Anna Häring / Stephan Dabbert / Matthias Stolze / Annette Piorr (2001), »Contributions of Organic Farming to a Sustain-

able Environment«, in: *European Conference Organic Food and Farming*, 10.-11. Mai 2001, Copenhagen: Danish Ministry for Food, Agriculture and Fisheries, S. 115-123.
Pflanzenforschung.de (2013a), »Plant 2030. Angewandte Pflanzenforschung in Deutschland«, online verfügbar unter: {http://www.pflanzenforschung.de/de/plant-2030/uberblick/} (Stand: September 2013).
Pflanzenforschung.de (2013b), »Ein Forscher vermisst die Pflanze. Interview mit Professor Dr. Ulrich Schurr«, online verfügbar unter: {http://www.pflanzenforschung.de/journal/aktuelles/professor-dr-ulrich-schurr%E2%80%A6vermisst-die-pflanze} (Stand: Februar 2013).
PLANT 2030 (2011), *Tagungsbericht zum BMBF-Fachforum: Pflanzenforschung, Ernährung, Gesundheit. Interdisziplinäre Konzepte auf dem Weg zu einer nachhaltigen Wirtschaft*, Potsdam und Berlin, online verfügbar unter: {http://www.pflanzenforschung.de/de/plant-2030/downloads/} (Stand: September 2013).
Rapp, Friedrich (1999) (Hg.), *Normative Technikbewertung*, Berlin: VDI.
Rosi-Marshall, Emma J. / Jennifer L. Tank / Todd V. Royer / Matt R. Whiles / Michelle Evans-White / Catherine Chambers/Nathalie A. Griffiths (2007), »Toxins in Transgenic Crop By-Products May Affect Headwater Stream Ecosystems«, in: *Proceedings of the National Academy of Science of the United States of America* 26/104, S. 204-208.
Rudolff, Bettina (2012), *Kein schöner Land. Gesucht: Ein Schutzschirm gegen Risiken aus europäischen und deutschen Landinvestitionen in Entwicklungsländern*, Berlin: Stiftung Wissenschaft und Politik.
Saxena, Deepak / Saul Flores / Günther Stotzky (1999), »Transgenic Plants. Insecticidal Toxin in Root Exudates from Bt Corn«, in: *Nature* 402/6761, S. 480.
Schaper-Rinkel, Petra (2012), »Bio-Politische Ökonomie. Zur Zukunft des Regierens von Biotechnologien«, in: *Bioökonomie. Die Lebenswissenschaften und die Bewirtschaftung der Körper*, herausgegeben von Susanne Lettow, Bielefeld: transcript Verlag, S. 155-180.
Schmidheiny, Stephan (1992), *Kurswechsel. Globale unternehmerische Perspektiven für Entwicklung und Umwelt*, München: Artemis & Winkler.
Schmidt-Bleek, Friedrich/Michael Lettenmeier/Christoph Nettersheim

(2004), *Der ökologische Rucksack. Wirtschaft für eine Zukunft mit Zukunft*, Stuttgart: Hirzel.
Schmidt-Bleek, Friedrich/Klaus Wiegandt (2007), *Nutzen wir die Erde richtig? Die Leistungen der Natur und die Arbeit des Menschen*, Frankfurt am Main: Fischer Verlag.
Schmidt-Bleek, Friedrich/Willy Bierter (2010), *Das MIPS Konzept. Weniger Naturverbrauch, mehr Lebensqualität durch Faktor 10*, München: Droemer.
Schneeberger, Ruth (2013), »Jetzt haben wir den Salat«, in: *Süddeutsche Zeitung* (15. Februar 2013), online verfügbar unter: {http://www.sueddeutsche.de/leben/vegane-ernaehrung-vs-fleischkonsum-jetzt-haben-wir-den-salat-1.1601837} (Stand: Mai 2013).
Schneidewind, Uwe/Alexandra Palzkill (2011), »Suffizienz als Business Case«, in: *Impulse zur Wachstumswende*, herausgegeben vom Wuppertal Institut für Klima, Umwelt, Energie GmbH, online verfügbar unter: {http://wupperinst.org/publikationen/details/wi/a/s/ad/1570/} (Stand: September 2013).
Schwägerl, Christian (2010), »Bioökonomie: Schavan will trotz Karlsruhe-Urteil Gentechnik ausbauen«, in: *Der Spiegel* (28. November 2010), online verfügbar unter: {http://www.spiegel.de/wissenschaft/mensch/biooekonomie-schavan-will-trotz-karlsruhe-urteil-gentechnik-ausbauen-a-731562.html} (Stand: September 2013).
Schweisfurth, Karl Ludwig / Meinolf Dierkes / Franz-Theo Gottwald (2002), *Wege zu einer nachhaltigen Agrar- und Ernährungskultur. Leitbild für eine zukunftsfähige Lebensmittelerzeugung, -verarbeitung und -vermarktung*, München: Schweisfurth-Stiftung.
Schweisfurth-Stiftung (2012) (Hg.), *Vision Leben. Fünfundzwanzig Jahre Schweisfurth-Stiftung für eine ökologische Agrar- und Ernährungskultur*, München: Schweisfurth-Stiftung.
Sheldrake, Rupert (2012), *Der Wissenschaftswahn. Warum der Materialismus ausgedient hat,* München: O. W. Barth Verlag.
Sprinkart, Karl Peter/Franz-Theo Gottwald (2013), *Fair Finance. Das Kapital der Zukunft*, München: F. A. Herbig.
Straub, Rudolf (2010), »Pflanzenbiotechnologie – Basis für eine Bioökonomie«, Vortrag anlässlich der Biotechnologietage Berlin, 21.-22. April 2010, online verfügbar unter: {http://archiv.biotechnologietage-2010.de/donnerstag.html} (Stand: September 2013).
TestBiotech e.V. (2009), »Führende Mitarbeiterin der Europäischen

Lebensmittelbehörde EFSA wechselt zur Industrie«, Pressemitteilung vom 11. Oktober 2009, online verfügbar unter: {http://www.test biotech.org/node/261} (Stand: Mai 2013).
TestBiotech e.V. (2010), *Agro-Gentechnik: Gentechnisch veränderter Mais fördert Ausbreitung von Schädlingen. Der Western Bean Cutworm verursacht in den USA massive Schäden,* Report im Auftrag von Greenpeace Deutschland, München: TestBiotech e.V.
The Blue Economy (2012), »Case 97. Next Generation of Urban Farming«, online verfügbar unter: {http://theblueeconomy.org/blue/Case_97.html} (Stand: September 2013).
The Soil Association (2000), *The Biodiversity Benefits of Organic Farming*, Bristol: The Soil Association, online verfügbar unter: {http://www.wwf.org.uk/filelibrary/pdf/biodiversity_benefits.pdf} (Stand: September 2013).
Then, Christoph (2008), *Dolly ist tot. Biotechnologie am Wendepunkt,* Zürich: Rotpunkt Verlag.
Then, Christoph (2012), *»Golden Lies«. Das fragwürdige »Golden-Rice«-Projekt der Saatgutindustrie*, Berlin: Foodwatch e.V.
Timmermann, Christian/Roland Gerhards/Walter Kühbauch (2002), »The Economic Impact of Site Specific Weed Control«, in: *Precision Agriculture* 4, S. 249-260.
TopFarmers (o.J.), online verfügbar unter: {http://www.topfarmers.de/kernbereiche} (Stand: Mai 2013).
Transgen (2012), »Grüne Gentechnik in der EU 2012«, online verfügbar unter: {http://www.transgen.de/anbau/eu_international/643.doku.html} (Stand: Januar 2013).
Unmüßig, Barbara/Thomas Fatheuer/Wolfgang Sachs (2012), »Green Economy. Der Ausverkauf der Natur?«, in: *Blätter für deutsche und internationale Politik* 7, S. 55-61, online verfügbar unter: {http://www.blaetter.de/archiv/jahrgaenge/2012/juli/green-economy-der-aus verkauf-der-natur} (Stand: April 2013).
Verband der Chemischen Industrie e.V. (VCI) (2013), »Daten und Fakten zum Thema Bioökonomie«, online verfügbar unter: {https://www.vci.de/Top-Themen/Seiten/pol_T_Biooekonomie.aspx} (Stand: Januar 2013).
Vester, Frederic (1980), *Neuland des Denkens. Vom technokratischen zum kybernetischen Zeitalter,* Stuttgart: DVA.
Vester, Frederic (1983), *Unsere Welt – ein vernetztes System*, München: dtv.

Vester, Frederic (1986), *Systemstudie ÖkoLandwirtschaft*, München: Schweisfurth-Stiftung.

Vester, Frederic (1988), *Leitmotiv vernetztes Denken. Für einen besseren Umgang mit der Welt*, München: Wilhelm Heyne Verlag.

Vester, Frederic (1999), *Die Kunst, vernetzt zu denken. Ideen und Werkzeuge für einen neuen Umgang mit Komplexität*, Stuttgart: DVA.

Wahli, Walter/Nathalie Constantin (2009), »Nutrigenomik, eine medizinische, soziale und ökonomische Herausforderung«, in: *Schweizerisches Medizin Forum* 9/12, S. 242-245.

Weitze, Marc-Denis/Alfred Pühler/Wolfgang M. Heckl/Bernd Müller-Röber/Ortwin Renn/Peter Weingart/Günther Wess (2012) (Hg.), *Biotechnologie-Kommunikation. Kontroversen, Analysen, Aktivitäten*, Berlin: acatech Diskussion.

Weizsäcker, Christine von/Ernst-Ulrich von Weizsäcker (1984), »Fehlerfreundlichkeit«, in: *Offenheit, Zeitlichkeit, Komplexität. Zur Theorie der offenen Systeme*, herausgegeben von Klaus Kornwachs, Frankfurt am Main: Campus Verlag.

Weizsäcker, Ernst-Ulrich von/Karlson Hargroves/Michael Smith (2010), *Faktor Fünf. Die Formel für nachhaltiges Wachstum*, München: Droemer.

Whitefield, Patrick/Glennie Kindred/Helge Ruben (2007), *Permakultur kurz und bündig: Schritte in eine ökologische Zukunft*, Kevelaer: OLV Organischer Landbau Verlag.

World Future Council (o. J.), »The 7 Future Justice Policy Principles«, online verfügbar unter: {http://www.worldfuturecouncil.org/future_justice_principles.html} (Stand: September 2013).

World Future Council (2009), »Belo Horizonte: Eine Stadt schafft den Hunger ab«, online verfügbar unter: {http://www.worldfuturecouncil.org/fpa_preistrager.html} (Stand: September 2013).

World Future Council (2013), »The Future Policy Award«, online verfügbar unter: {http://www.worldfuturecouncil.org/fpao.html} (Stand: September 2013).